国家“双高计划”特色教材

U0868463

水处理设施设备运营与维护

主　编　武彦生　王　旭
副主编　李　燕　赵坤灿　高　雄　李　伟

哈爾濱工程大學出版社
Harbin Engineering University Press

内容简介

随着环保工作日益受到重视，环保设施设备也在全国各地被大量使用，此过程中，逐渐暴露出水、气、声、渣等环境污染治理设施设备运营与维护过程中缺乏专业性、系统性等问题，这也间接折射出我们在环保设施设备运营与维护技能培训方面还存在着较为明显的欠缺。

本书结合实际应用，从岗位技能实际需求出发，强调水处理设施设备运营与维护及场所安全管理，除了采用传统的文字阐述外，还采用了图片、视频等电子资源的呈现方式完善教学内容。全书共分九个工作项目，由浅入深地论述了水、固体废物污染的治理设施设备运营与维护。

本书可作为高等职业院校环境工程技术、环境监测与控制技术、农村环境保护、污染修复与生态工程技术等专业的教材，也可作为从事环保工程设计、工程技术人员的参考用书。

图书在版编目(CIP)数据

水处理设施设备运营与维护/武彦生，王旭主编. —哈尔滨：哈尔滨工程大学出版社，2023.12
ISBN 978-7-5661-4214-6

Ⅰ. ①水… Ⅱ. ①武… ②王… Ⅲ. ①水处理设施-设备管理②水处理设施-维修 Ⅳ. ①TU991.2

中国国家版本馆 CIP 数据核字(2024)第 013954 号

水处理设施设备运营与维护
SHUICHULI SHESHI SHEBEI YUNYING YU WEIHU

选题策划 田　婧
责任编辑 刘梦瑶
封面设计 李海波

出版发行 哈尔滨工程大学出版社
社　　址 哈尔滨市南岗区南通大街 145 号
邮政编码 150001
发行电话 0451-82519328
传　　真 0451-82519699
经　　销 新华书店
印　　刷 哈尔滨午阳印刷有限公司
开　　本 787 mm×1 092 mm　1/16
印　　张 13.25
字　　数 310 千字
版　　次 2023 年 12 月第 1 版
印　　次 2023 年 12 月第 1 次印刷
书　　号 ISBN 978-7-5661-4214-6
定　　价 49.80 元
http://www.hrbeupress.com
E-mail:heupress@hrbeu.edu.cn

前　言

水是生命之源，也是人类社会发展和生产活动中不可或缺的资源。然而，随着工业化、城市化进程加速进行，水污染问题越来越严重。保障用水安全及环境健康已经成为人类共同面对的挑战。本教材旨在向学习者介绍水处理设施设备运营与维护相关的技术知识，并提供具体指导。通过系统地学习这些知识，学习者将了解如何正确操作各种设施设备并有效预防操作过程中可能出现的问题。

本教材立足于活页式教材编写理念。各工作项目设置结合了水处理设施设备运营与维护工作岗位典型工作任务。各工作任务基于校企合作双元、工学结合一体人才培养模式编写，力求服务于水处理运营与维护企业用人需求，满足学习者职业生涯发展需求。教材共分为九个工作项目，每个工作项目内包括相应工作领域内的典型工作任务。涉及污水处理基础知识，物理处理设施设备运营与维护，化学处理设施设备运营与维护，物理化学处理设施设备运营与维护，好氧生物处理设施设备运营与维护，厌氧生物处理设施设备运营与维护，污泥处理设施设备运营与维护，水处理附属设施设备运营与维护，污水处理厂运营与维护及管理制度等。

本教材在保障学习者掌握符合国家标准的水处理设施设备运营与维护领域专业知识的基础上，突出学习与实践之间的匹配性，去掉了以往教材的逻辑主线思维，让整个教学活动的“学生中心化”色彩更加明显，并根据实际工作岗位技能要求配套电子资源，具有直观性和互动性的教学形式，从而使本教材具有更强的实践性和与信息技术的高度融合性。

本教材项目 1、项目 2 由武彦生编写，项目 3、项目 8 由王旭编写，项目 4、项目 9 由李燕编写，项目 5 由高雄编写，项目 6 由赵坤灿编写，项目 7 由李伟编写。此外，李正、张馨文、曾文曦均参与了编写，完成了相关材料的整理和校核，在此一并感谢。

扫描下方二维码下载并安装 launchar_new_kmyj1013. apk，即可扫描并学习书中所提供的电子资源。

希望水处理从业者通过学习本教材能够提升专业知识水平与职业技术能力，具备“绿水清水就是金山银山”的重要理念。最后，衷心感谢参与编写本教材的专家所付出的辛勤努力。由于编者水平所限，书中难免存在不足之处，恳请广大读者批评指正！

编　者

2023 年 8 月

目　录

项目 1　污水处理基础知识 …… 1

任务 1.1　污水的来源和分类 …… 1

任务 1.2　污水水质指标 …… 3

任务 1.3　常规污水处理方法 …… 5

项目 2　物理处理设施设备运营与维护 …… 9

任务 2.1　格栅运营与维护 …… 9

任务 2.2　调节池运营与维护 …… 18

任务 2.3　沉淀池运营与维护 …… 25

任务 2.4　隔油池运营与维护 …… 33

任务 2.5　沉砂池运营与维护 …… 36

任务 2.6　气浮池运营与维护 …… 41

任务 2.7　过滤设施设备运营与维护 …… 46

项目 3　化学处理设施设备运营与维护 …… 53

任务 3.1　中和池运营与维护 …… 53

任务 3.2　混凝池运营与维护 …… 57

任务 3.3　化学沉淀池运营与维护 …… 63

任务 3.4　氧化还原设施设备运营与维护 …… 67

任务 3.5　消毒设施设备运营与维护 …… 71

项目 4　物理化学处理设施设备运营与维护 …… 77

任务 4.1　吸附设施设备运营与维护 …… 77

任务 4.2　离子交换设施设备运营与维护 …… 83

任务 4.3　膜分离设施设备运营与维护 …… 87

项目 5　好氧生物处理设施设备运营与维护 …… 91

任务 5.1　活性污泥系统设施设备运营与维护 …… 91

任务 5.2　生物膜系统设施设备运营与维护 …… 107

项目 6　厌氧生物处理设施设备运营与维护 …… 115

项目7　污泥处理设施设备运营与维护 …… 125
任务7.1　污泥处理系统基本知识 …… 125
任务7.2　污泥浓缩设施设备运营与维护 …… 130
任务7.3　污泥消化设施设备运营与维护 …… 137
任务7.4　污泥脱水设施设备运营与维护 …… 143
项目8　水处理附属设施设备运营与维护 …… 147
任务8.1　管道运营与维护 …… 147
任务8.2　水泵运营与维护 …… 160
任务8.3　鼓风机运营与维护 …… 167
项目9　污水处理厂运营与维护及管理制度 …… 175
任务9.1　基本规定 …… 175
任务9.2　工艺单元运营与维护制度 …… 181
任务9.3　污泥处理设施设备运营与维护制度 …… 192
任务9.4　污水厂化验监测制度 …… 197
任务9.5　生产运营记录及报表 …… 201
参考文献 …… 204

项目 1　污水处理基础知识

任务 1.1　污水的来源和分类

工单编号		姓名：	班级：
面向专业		学号：	学时：

教学目标

掌握污水的来源和分类。

任务必备知识点

污水的来源和分类必备知识点

污水是生活污水、工业废水及被污染的雨水的总称。

生活污水：指人类在日常生活中使用过的且被生活废料所污染的水。

工业废水：指工矿企业生产活动中用过的水。

生产废水：未直接参与生产工艺且未被生产原料、半成品所污染的水。

生产污水：在生产过程中形成且并被生产原料、半成品或成品等废料所污染的（包括热污染）水。

城市污水往往都排入城市排水系统，故生活污水和生产污水的混合污水被称作城市污水。

污水经过处理后的最后出路有三个：①排入水体；②灌溉土地；③重复使用。排入水体是污水处理后最常见的出路，是通过水体的自净机理使污水得到一定的稀释与净化，但是这也是水体被普遍污染的原因。污水用于灌溉土地也叫污水的土地处理法。重复使用是最为合理的污水处理法。重复使用的方法有污水直接复用或间接复用。

一、生活污水

生活污水是指人类在日常生活中使用过的且被生活废料所污染的水。

二、工业废水

工业废水是指生产过程中排出的废水，它包括生产废水和生产污水等。

三、工业废水的分类

工业废水分生产废水和生活污水等。

(1)按行业的产品加工对象分类，可分为化工废水、食品废水等；

(2)按工业废水中所含主要污染物质的性质分类，可分为含砷废水、含汞废水等；

(3)按废水中所含污染物质的主要成分分类，可分为有机废水、无机废水等；

(4)按废水处理的难易程度和废水的危害性分类，可分为普通废水和有毒有害废水等。

四、降水

雨水是指形成径流的降水或融化的冰雪水。

总结反思

任务 1.2　污水水质指标

工单编号		姓名：	班级：
面向专业		学号：	学时：

教学目标

了解常规污水水质指标。

任务必备知识点

污水水质指标必备知识点

一、污废水的物理性质及指标

(1)水温；
(2)色度；
(3)臭味；
(4)固体含量。

二、污废水的化学性质及指标

(一)无机化学性质及指标

(1)酸碱度；
(2)氮、磷；
(3)硫酸盐与硫化物；
(4)氯化物；
(5)非重金属无机有毒物质；
(6)重金属离子。

(二)有机物化学性质及指标

(1)碳水化合物；
(2)蛋白质与尿素；
(3)脂肪和油类；
(4)酚；
(5)有机酸、碱；

(6)表面活性剂；
(7)有机农药；
(8)取代苯类化合物。

(三)有机物污染指标

(1)生化需氧量(Biochemical Oxygen Demand,BOD)；
(2)化学需氧量(Chemical Oxygen Demand,COD)；
(3)总有机碳(Total Organic Carbon,TOC)。

三、污废水的生物性质及指标

(1)大肠菌群数与大肠菌群指数；
(2)病毒；
(3)细菌总数。

总结反思

任务 1.3　常规污水处理方法

工单编号		姓名：	班级：
面向专业		学号：	学时：

教学目标

了解常规污水处理方法。

任务必备知识点

常规污水处理方法必备知识点

一、污水处理基本方法概述

污水处理的原则是将污水中所含的各种污染物质与水分离或加以分解，使其变质而失去污染物质的特性。一般污染物质可分为三种，即悬浮物质、胶体物质和溶解性物质。

污水处理的基本方法，就是采用各种技术手段，将污水中所含的污染物质分离去除、回收利用，或将其转化为无害物质，使水得到净化。

现代污水处理技术，按原理可分为物理处理法、化学处理法和生物化学处理法三类。

物理处理法：利用物理作用分离污水中呈悬浮状态的固体污染物质。

化学处理法：利用化学反应的作用，分离回收污水中处于各种形态的污染物质（包括悬浮物质、胶体物质、溶解物质等）。

生物化学处理法：利用微生物代谢作用，使污水中呈溶解、胶体状态的有机污染物转化为稳定的无害物质。

除上述生物处理法外，还有利用池塘和土壤处理的自然生物处理法。

现代城市污水处理技术，按处理程度划分，可分为一级、二级和浓度处理。

一级处理主要是去除污水中的漂浮物和悬浮物的净化过程，主要为沉淀。

二级处理为污水经一级处理后，用生物处理法继续去除没有沉淀的微小粒径的悬浮物质、胶体物质和溶解性有机物质，以及氮和磷的净化过程。

浓度处理是进一步去除二级处理未能去除的污染物质的净化过程。

二、污水处理工艺流程

城市污水处理工艺流程如图 1.3.1 所示。

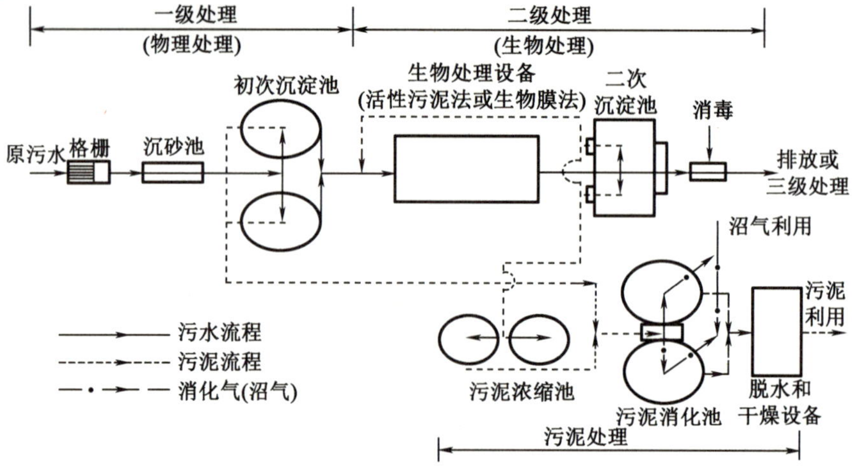

图 1.3.1 城市污水处理工艺流程图

三、污水处理工艺流程的选择方法

污水处理工艺流程选择的一般方法：

(1)按纳污水体环境要求选择；

(2)按污水中污染物的性质选择；

(3)按污水被污染的程度选择；

(4)按预期建设及运行费用选择。

四、污泥处理

(一)污泥的分类

(1)初次沉淀污泥。

(2)剩余活性污泥与腐殖污泥。

(3)消化污泥。

(4)化学污泥。

(5)有机污泥。

(6)无机污泥。

(二)污泥处理的目标

(1)无害化。

(2)减量化。

(3)资源化。

(4)稳定化。

课件

污泥处理概述

总 结 反 思

项目 2　物理处理设施设备运营与维护

任务 2.1　格栅运营与维护

工单编号		姓名：	班级：
面向专业		学号：	学时：

教学目标

(1)了解格栅运营与维护必备知识点；
(2)掌握污水厂格栅除污机运营与维护技术要点。

任务必备知识点

格栅运营与维护必备知识点

一、格栅

(一)基本知识

格栅是一种最简单的过滤设备,格栅设在取水头部或集水井的进水孔处,用来拦截河流中较大的悬浮物质及杂质,起到净化水质、保护水泵的作用。格栅由金属框架和栅条组成,外形和进水孔尺寸相同。其斜置于废水流经的通道中,用于将污水中的大块污染物质拦截出来,否则这些大块污染物质将堵塞后续单元的机泵或工艺管线。格栅一般由互相平行的格栅条、格栅框、清渣耙三部分组成,格栅分类见表 2.1.1。

表 2.1.1　格栅分类

格栅分类特征	格栅名称	说明
格栅间距	粗格栅	栅条间隙>40 mm
	中格栅	栅条间隙为 10~30 mm

表 2.1.1(续)

格栅分类特征	格栅名称	说明
格栅间距	细格栅	栅条间隙<10 mm
清渣方式	人工清渣格栅	主要是粗格栅,与水平面的倾角为 50°~60°
	机械清渣格栅	机械清渣,与水平面的倾角为 60°~80°
栅耙的位置	前清渣式格栅	顺水流清渣
	后清渣式格栅	逆水流清渣
构造特点	抓扒式格栅	栅条格栅,垂直或倾斜安装
	弧式格栅	栅条格栅水面为曲面
	回转式格栅	“栅条”由数排循环运动的钩齿组成,倾斜安装
	转鼓式格栅	“栅条”由数排转动的环片组成,倾斜安装
	阶梯式格栅	“栅条”由数排格子状循环运动的薄金属片组成

栅条断面有矩形、圆形等。栅条厚度或直径一般采用 10 mm。栅条净距视河中漂流物情况而定,通常采用 30~120 mm。栅条可以固定在进水孔上,或者放在进水孔外侧的格栅槽中并可拆卸,以便于上下移动清洗和检修。

格栅面积按下式计算:

$$F_0=\frac{Q}{K_1K_2v_0}$$

$$K_1=\frac{b}{b+s}$$

式中 F_0——进水孔或格栅的面积,m^2;

Q——进水孔的设计流量,m^3/s;

v_0——进水孔设计流速,当进水有冰絮时采用 0.2~0.6 m/s,无冰絮时采用 0.4~1.0 m/s,当取水量较小、取水水流速度较小,泥沙和漂浮物较多时可取较小值,反之可取较大值;

K_1——栅条引起的面积减少系数;

b——栅条净距,一般采用 30~120 mm;

s——栅条厚度(或直径),一般采用 10 mm;

K_2——格栅阻塞系数,采用 0.75。

水流通过格栅的水头损失,一般采用 0.05~0.1 m。

(二)功能

格栅是截流污水中粗大污染物质的处理设施,用以截留污水中粗大的悬浮物或漂浮物(如纤维、碎皮、毛发、木屑、果皮、蔬菜、塑料制品等),以防止水泵、管道和处理设备堵塞,并减轻后续构筑物的处理负荷。

(三)格栅的分类

(1)按格栅的栅距分类;

(2)按格栅的清除方式分类。

二、格栅除污机

(一)格栅除污机的种类

格栅除污机(图2.1.1)的种类包括移动式、针齿条式、高链式、钢绳式和回转式。

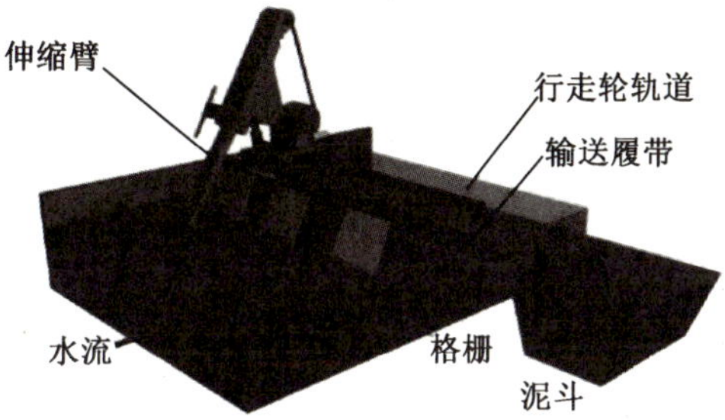

移动伸缩臂式格栅除污机

图2.1.1　格栅除污机

(二)格栅除污机的结构

格栅除污机由机架、栅条、清污耙板、提升链、电机减速驱动装置、缓冲自净卸污装置等组成。

(三)格栅除污机的工作原理

固定于提升链上的清污耙板在驱动装置的带动下,将格栅水下部分截留的污染物质捞出,清污耙板依靠两侧提升链同步由栅后至栅前顺时针回转运动,当耙板到达机体上部时,由于转向导轨及导轮的作用,一部分污染物质依靠重力自行落下,剩余黏附在耙板上的污染物质通过缓冲自净卸污装置进行刮除。

任务实施

掌握污水厂格栅除污机运营与维护技术要点

一、掌握格栅的工艺运营条件

(一)过栅流速的控制

污水在栅前渠道的流速一般应控制在0.4~0.8 m/s,过栅流速应控制在0.6~1.0 m/s,具体情况应视实际污染物质的组成、含砂量及格栅距等具体情况而定。过栅流速太大,则容易把需要截留下来的软性栅渣冲走;过栅流速太小,污水中粒径较大的粒状物质有可能在栅前渠道内沉积。在实际运营中,可通过开停格栅的工作台数来控制过栅流速,使过栅流速控制在所要求的范围内。

（二）栅筛前后水位差的控制

可将栅前、栅后水位差作为清渣控制参数，污水通过栅筛的前后水位差宜小于 0.3 m。栅筛前后水位差与栅渣量有关，栅渣量与地区污染物质性质的特点、栅条间隙的大小、废水的流量以及排水管网的类型等因素有关，及时清除栅渣是控制合理过栅流速的重要措施。投运格栅除污机台数过少，栅渣在格栅滞留时间过长，会使污水过栅断面减少，造成过栅流速增大，拦污效率降低。如采用按时间设定自动运营，则需结合人工清渣方式，以避免特殊情况下出现栅渣滞留的现象。无论采取何种方式，值班人员均应定时巡检。

二、掌握格栅的运营管理技术原则

（一）日常维护管理

格栅的日常维护应保证每天对栅条、除渣耙和栅渣箱等进行清理，及时清运栅渣，保证格栅通畅；检查并调节栅前的流量阀门，保证过栅流量的均匀分布，控制过栅流速在适合的范围；对于使用机械格栅的单位，格栅除污机是维护管理的重要部分，也是最容易发生故障的设备之一，日常运营管理的重点应放在格栅除污机是否运转正常，除污机开启前应检查机电设备是否具备开机条件，运营中有无异常声音，栅条是否变形，并做详细的运营记录；机电设备运转时发现故障应立即停车检修，并及时查清原因，做到定时加油，及时调换。检修除污机或人工清捞栅渣时应注意安全。定期检查渠道的沉砂情况，及时排砂并排除由流速、渠道底部水面坡度和粗糙等原因引起的积砂问题。

（二）卫生和安全

清捞出的栅渣应妥善处理和处置，滤渣的去向和处理情况应合理。其主要的处理方式有填埋、焚烧，以及外运到固定的固体废弃物处理厂，确保固体废弃物得到及时、妥善处理。栅渣中往往夹带许多挥发性油类等有机物，堆积后会产生异味，因此应及时清运栅渣，以免造成气味污染。同时栅渣压榨液也应及时导入污水渠道中，严禁明渠流或地面漫流。汛期应加强巡视和增加清污次数，栅筛除污机工作时应安排人员进行监视。

三、掌握格栅间的工艺控制规程

格栅的主要作用是将污水中的大块污染物质拦截出来，以避免堵塞后续单元的机泵或工艺管线。

（一）过栅流速的控制

合理地控制过栅流速，能够使格栅最大程度地发挥拦截作用，保持最高的拦污效率。污水过栅流速不能太大，避免把本应拦截下来的软性栅渣冲走，过栅流速也不能太小，避免污水中粒径较大的颗粒在栅前渠道内堆积。过栅流速一般控制在 0.1~1.0 s，具体控制在多少，视污水处理厂来水中污染物质组成、含砂量及格栅间距等具体情况而定。在污水处理厂运营中，过栅流速可通过调节投入工作的格栅台数及调节栅前的流量调节阀门或闸门，利用过栅水头损失来控制，一般水头损失控制在 0.2~0.5 m。

（二）栅渣的清除

及时清除栅渣，是保证过栅流速在合理范围内的重要措施。清污次数太少，栅渣将在格栅上长期附着，使过栅断面减少，过栅流速增大，拦污效率下降。运营中可利用栅前液位差，即利用过栅水头损失来自动控制清污。值班人员应经常到现场巡检，观察格栅上栅渣的累积情况，做到及时清污。

（三）定期检查渠道的沉砂情况

格栅前后渠道内积砂除与流速有关外，还与渠道底部流水的坡度和粗糙度等因素有关，应定期检查渠道内积砂情况，及时清砂并排除积砂原因。

（四）分析测量与记录

记录每天发生的栅渣量，用容量或质量表示。

四、掌握格栅运营操作的技术要点

（1）每天要对栅条、除渣耙、栅渣箱和前后水渠等进行清扫，及时清运栅渣，保持格栅通畅。

（2）检查并调节栅前的流量调节阀门，保证过栅流量均匀分布，同时调节投入工作的格栅台数将过栅流速控制在所要求的范围内。当发现过栅流速过高时，适当增加投入工作的格栅台数；当发现过栅流速偏低时，适当减少投入工作的格栅台数。

（3）定期检查渠道的沉砂情况。格栅前后渠道内沉积砂，除与流速有关外，还与渠道底部流水面的坡度和粗糙度等因素有关系，应定期检查渠道内的积砂情况，及时清砂并查清积砂原因。格栅除砂机如图 2.1.2 所示。

图 2.1.2　格栅除砂机

(4)格栅除污机的维护管理。格栅除污机是污水处理厂内最易发生故障的设备之一,巡查时应注意有无异常声音,栅条是否变形。出现故障时,应及时查清原因、及时处理、做到定时加油、及时调换,及时调整。

(5)卫生与安全。污水在长途输送过程中会发生腐化,产生的硫化氢和甲硫醇等具有恶臭气味的有毒气体会在格栅间大量释放出来。建在室内的格栅间应采取强制通风措施,夏季应保证每小时换气10次以上。有些处理厂在上游主干线内采取一些简易的通风或曝气措施,也能大大降低格栅间的恶臭强度。以上控制恶臭的措施,既能保证值班人员的身体健康,还能减轻硫化氢对除污设备的腐蚀。

另外,清除的栅渣应及时运走处置掉,防止因腐败产生的恶臭招引蚊蝇。栅渣堆放处应经常清洗,并清毒。栅渣压榨机排出的压榨液中恶臭物质含量也非常高,应及时用管道导入污水渠道中,严禁明渠导流或地面漫流,尤其不能排入雨水管道。

五、掌握格栅运营操作的主要内容

(1)不管采用什么形式的机械格栅,操作人员都应该定时巡回检查。根据栅前和栅后的水位差变化或栅渣的数量,及时开启除渣机将栅渣清除。同时注意观察除渣机的运转情况,及时排除其出现的各种故障。

(2)检查并调节栅前的流量调节阀门,保证过栅流量的均匀分布。同时利用投入工作的格栅台数将过栅流速控制在所要求的范围内。当发现过栅流速过高时,适当增加投入工作的格栅台数;当发现过栅流速偏低时,适当减少投入工作的格栅台数。

(3)随着运营时间的延长,格栅前后的渠道内可能会积砂,应当定期检查并清理积砂,分析产生积砂的原因,如果是渠道粗糙的原因,应及时修复。

(4)经常测定每日栅渣的数量,总结出一天、一月或一年中什么时候栅渣量多,以提高操作效率,并通过栅渣量的变化判断格栅运转是否正常。

(5)栅渣中往往夹带许多菜叶、挥发性油类等有机物质,堆积后会产生异味,因此要及时清运栅渣,并经常保持格栅间通风透气。

(6)池前细格栅上的垃圾应及时清除。格栅内外水位差不应超过20 cm,为防止格栅的水流漫溢,应设置水位报警器。

(7)为了保证机械格栅除污机的正常运转,应制订详细的维护检修计划,对设备的各部位进行定期检查维修并认真做好检修记录,如轴承减速器、链条的润滑情况,传动皮带或链条的松紧等。

六、掌握格栅安装维护使用注意事项

(1)设备在装卸过程中,应保持设备的水平,注意装卸索具等对设备的损伤并给予防护。

(2)设备吊装到位后,注意调整设备与基础的对接口、流水槽和各地脚螺栓等的相互位置关系。

(3)如因运输的需要,将减速机座拆除时,应先将其恢复,注意两链轮的传动轴线,并安装好传动链条和链罩。

(4)认真做好设备的润滑工作,保持传(转)动部件的良好润滑状态。电动机、减速器及轴承等各加油部位应按规定加换润滑油(润滑脂)。设备在运营中禁止人工清料或润滑,禁止在传动链条防护罩附近逗留。

(5)运营中如有异常情况或异常信号应立即停机并切断电源,进行检查,及时排除故障,不得强行启动,以防事故发生。

(6)定期检查电动机、减速器等运转情况,及时更换磨损件,钢丝绳断股超过规定允许范围时应立即更换。同时应确定大、中修周期,按时保养。经常检查拨动支架组件是否灵活,及时排除夹卡异物,检查各部件螺丝是否松动。

七、掌握格栅常见故障及解决方式

(1)出现格栅耙子捞不上栅渣的情况一般是因为耙子松动,与栅面之间间隙过大。此时,应调整耙子上的调节弹簧,使耙子与栅面贴紧。

(2)格栅启动频繁的一种原因可能是水位计出现故障;另一种原因可能是栅条间被大颗粒固体堵住,使水流通过减慢,从而使格栅前水位一直很高,前后水位差较大,导致水位传感器动作,使格栅频繁启动。这时应将栅条间的杂物清除干净。

(3)出现格栅在中途突然停止运营的情况可能是电控柜的空气开关跳闸所致,这时将闸合上即可。若合闸后仍不能恢复运营,则可能是电机发生故障,这时应通知专业维修人员进行检查。

八、掌握格栅压榨机常见故障及解决方式

格栅正常运转时产生的栅渣,一般含水较多,处于蓬松状态,体积较大,对栅渣外运产生极大不便。栅渣压榨机的作用就是将这样的栅渣压实脱水,减小栅渣的体积,防止运输过程中沥水污染环境,同时也可改善格栅间的环境状况。

栅渣压榨机运行时应注意以下几点。

(1)栅渣压榨机应与格栅联动,格栅停止后,栅渣压榨机应延续运行一段时间,将栅渣压实。

(2)避免大块坚硬物体的进入,如金属、石块等,遇到这些物体应及时手动清除。

(3)当栅渣中砂石等无机颗粒较多时,栅渣的含水率较低,栅渣压榨机出口应避免使用弯度较大的弯头,以防止堵塞、磨损严重或负荷过高引起跳闸。

(4)栅渣压榨机的出口管道,应避免使用小角度的弯头,管道尽可能为渐扩式,以防栅渣中泥沙较多时堵塞管道。

栅渣压榨机维护保养对象为电机和齿轮箱。在正常条件下,每工作 10 000 h 进行一次

换油。换油时,需用合适的溶剂清洗机体和轴承上的油质残留物,并用新的钙基润滑脂润滑轴承,用量为轴承空间的1/3,齿轮箱采用重负荷车辆齿轮油。加注后应注意检查齿轮箱的密封装置。

九、掌握格栅配套的皮带运输机运营与维护要点

(1)每月应用润滑脂润滑皮带运输机的驱动滚筒和拉力滚筒的轴承,可采用钙基润滑脂。

(2)电机和齿轮箱,在正常条件下,每工作10 000 h要进行换油。换油时,需用合适的溶剂洗掉机体和轴承上的油质残渣。

(3)每日巡视内容。皮带是否运转可靠;皮带刮板的可靠性和清洁度;皮带轮的可动性和清洁度。

(4)每周检查内容。检查驱动装置,包括功能、噪声、振动、温度、清洁度、齿轮箱油位;检查拉紧装置、皮带轮、主轴的可动性与工作情况;检查皮带轮的轴承噪声、温度及振动情况;检查支撑圈或碰撞环的故障情况;检查给料槽裙板及橡胶带的故障及磨损情况;检查皮带刮板的效果及橡胶板的磨损情况;检查支架及其结构的振动情况及紧固性。

十、掌握格栅除污机运维要点

(1)停车位置要准确,保证齿耙吃入格栅,工作完后要清洗、加油。

(2)高链式除污机的减速机要保证良好润滑,正常运营高链式除污机齿耙不能吃入格栅的原因一般为泥沙、杂物堆积,齿耙、耙臂刚度不够或扭曲变形,链条错位或松紧不合适等。

(3)钢绳式除污要频开机,经常调整钢绳长度和行程开关。

课件

格栅与筛网的运营与维护

评价

评一评

评价指标		评价主体		
一级指标	二级指标	学生自评	学生互评	教师评价
知识目标	掌握格栅的概念			
	掌握格栅的功能、分类			
	掌握格栅的工作原理			
能力目标	掌握格栅的工艺运营条件			
	掌握格栅的运营管理技术原则			
	掌握格栅间的工艺控制规程			
	掌握格栅运营操作的技术要点			
	掌握格栅运营操作的主要内容			
	掌握格栅安装维护使用注意事项			
	掌握格栅常见故障及解决方式			
	掌握格栅压榨机常见故障及解决方式			
	掌握格栅配套的皮带运输机运维要点			
	掌握格栅除污机运维要点			

总 结 反 思

任务 2.2 调节池运营与维护

工单编号		姓名：	班级：
面向专业		学号：	学时：

教学目标

(1)了解调节池运营与维护必备知识点；
(2)掌握调节池运营与维护技术要点。

任务必备知识点

调节池运营与维护必备知识点

一、调节池的概念

调节池即调节均化池，是用以减少污水进水水量和水质对整个污水处理系统影响的处理构筑物。调节池作为污水预处理设施，常位于其他生物处理设施之前，用以调节水量和均和水质。调节系统包括集水池、格栅和调节池。

调节池的广义定义：指的是用以调节进水、出水流量的构筑物。

调节池的狭义定义：为了使管渠和构筑物正常工作，不受废水高峰流量或浓度变化的影响，需在废水处理设施之前设置的构筑物。

预曝气调节池：为防止原水厌氧腐化，池内设有穿孔曝气管，间歇曝气，一方面可以降解部分有机物、脱臭、防止污水厌氧分解、除泡以及加速污水中油类的分离；另一方面起到使水质均匀的作用。

二、调节池的作用

调节池对于有些反应，如厌氧反应对水质、水量和冲击负荷较为敏感，所以对于处理工业废水的适当尺寸的调节池，对水质、水量的均和调节是厌氧反应稳定运营的保证。调节池的作用是均质和均量，一般还可考虑兼有沉淀、混合、加药、中和和预酸化等功能。

工业企业由于生产工艺的原因，在不同工段、不同时间所排放的污水差别很大，尤其是操作不正常或设备产生泄漏时，污水的水质就会急剧恶化，水量也大大增加，往往会超出污水处理设备的正常处理能力。

城市污水，尤其是学校、居民小区等人员集中的地方，由于用水量和排入污水中杂质的不均匀性，也会使得其污水流量或浓度在一昼夜内有较大的变化。这些问题都会给处理操作带来很大的麻烦，使污水处理设施设备难以维持正常操作。

因此，对于特征上波动比较大的污水，有必要在污水进入处理主体之前，先将污水导入调节池进行均和调节处理，使其水量和水质都比较稳定，这样就可为后续的水处理系统提供一个稳定和优化的操作条件。

具体说来，调节池的作用主要体现在以下几个方面。

(1)提供对有机物负荷的缓冲能力，防止生物处理系统的急剧变化。

(2)控制 pH 值，以减少中和作用中的化学品的用量。

(3)减小对物理化学处理系统造成的流量波动，使化学品添加速率适合加料设备的定额。

(4)当工厂生产暂停时，仍能为污水处理系统继续输入污水。

(5)实现向市政污水系统的有控制排放，以缓解废水负荷分布的变化。

(6)防止高浓度有毒物质进入生物处理系统。

三、调节处理的类型

调节处理一般按其主要调节功能分为水量调节和水质调节两类。

(一)水量调节

水量调节比较简单，一般只需设置一个简单的水池，保持必要的调节池容积并使出水均匀即可。

污水处理中单纯的水量调节有两种方式：一种为线内调节，进水一般采用重力流，出水用泵提升，池中最高水位不高于进水管的设计水位，最低水位为死水位，有效水深一般为 2 m~3 m；另一种为线外调节，调节池设在旁路上，当污水流量过高时，多余污水用泵打入调节池，当流量低于设计流量时，再从调节池回流至集水井，并进行后续处理。

线外调节与线内调节相比，其调节池不受进水管高度限制，施工和排泥较方便，但被调节水量需要两次提升，消耗动力大。一般水量调节都设计成线内调节。

(二)水质调节

水质调节的任务是将不同时间或不同来源的污水进行混合，使流出的水质比较均匀，以避免后续处理设施承受过大的水质冲击负荷。水质调节的基本方式有两类。

1. 外加动力调节

外加动力就是在调节池内，采用外加叶轮搅拌、鼓风空气搅拌、水泵循环等设备对污水进行均质调节，这种方式的设备比较简单，运营效果好，但运营费用高。

2. 差流方式调节

采用差流方式进行强制调节，使不同时间和不同浓度的污水进行水质自身水力混合，这种方式基本上没有运营费用，但设备较复杂。

(1)对角线调节池

对角线调节池是常用的差流方式调节池的类型。对角线调节池的特点是出水槽沿对角线方向设置，污水由左右两侧进入池内，经不同的时间流到出水槽，从而使先后过来的、不同浓度的废水混合,达到自动调节均和的目的。

为了防止污水在池内短路,可以在池内设置若干纵向隔板。污水中的悬浮物会在池内沉淀,对于小型调节池,可考虑设置沉渣斗,通过排渣管定期将污泥排出池外;如果调节池的容积很大,则需要设置较多的沉渣斗,这样管理比较麻烦,可考虑将调节池做成平底,用压缩空气搅拌,以防止沉淀,空气用量为 1.5~3 $m^3/(m^2 \cdot h)$,调节池的有效水深采取 1.5~2 m, 纵向隔板间距为 1~1.5 m。

如果调节池采用堰顶溢流出水,那么这种形式的调节池只能调节水质的变化,而不能调节水量和水量的波动。如果后续处理构筑物要求处理水量比较均匀和严格,可把对角线出水槽放在靠近池底处开孔,在调节池外设水泵吸水井,通过水泵把调节池出水抽送到后续处理构筑物中,水泵出水量可认为是稳定的,或者使出水槽能在调节池内随水位上下自由波动,以便贮存盈余水量,补充水量短缺。

(2)同心圆调节池

在调节池内设置许多折流隔墙,控制污水 1/4~1/3 流量从调节池的起端流入,在池内来回折流,延迟时间,充分混合、均衡;剩余的污水流量通过设在调节池上的配水槽的各投配口等量地投入池内前后各个位置,从而使先后过来的、不同浓度的污水混合,达到自动调节均和的目的。

另外,利用部分水回流方式、沉淀池沿程进水方式,也可实现水质均和调节。

在实际生产中,可结合具体情况选择一种合适的调节方法。

四、调节池设置的基本要求

(1)调节池一般容积较大,通常考虑设计成半地下式或地下式,还应考虑加盖板。

(2)调节池埋入地下不宜太深,一般为进水标高以下约 2 m 处,或根据所选位置的水文地质特征来决定。南方地下水位过高的平原地区,调节池深度太深而使地下水所产生的浮力对调节池放空时产生较大的浮力;此外,深度太大,对土建要求相应较高,土方挖掘会有一定困难,土建投资相对较大。

(3)调节池的设计,应与整个污水处理工程各处构筑物的布置相配合。

(4)调节池应以一池二格(或多格)为好,便于调节池的维修保养。

(5)调节池的埋深与污水排放口埋深有关,如果排放口太深,调节池与排放口之间应考虑设置集水井,并设置一级泵站进行一级提升。

(6)调节池设计中可以不设置大型泥斗、排泥管等,但必须设有放空管和溢流管,必要时还应考虑设超越管。

任务实施

掌握调节池运营与维护技术要点

一、调节池的运营与管理原则

(1)调节池设置的目的是将污水源水的水质与水量均匀化,因此,必须经常使调节池保持符合这一目的的性能。调节池最常见的故障是浮渣和污泥的堆积。由于原废水直接流入池内,可能会发生污泥堆积,减小调节池的有效容积,并造成污泥固结,浮渣表面干燥,产生恶臭和蝇虫,有时甚至会引起硫化氢中毒、缺氧等恶性事故。

(2)调节池一般要设置曝气或搅拌装置。这些装置能促进污水混合、水质均匀化,同时还能防止污泥堆积。调节池的水位常有变动,因此,在搅拌时要注意对装置进行调整。

(3)目前也采用曝气的方式进行搅拌,能有效防止污水的腐败。具体来看,一是用鼓风曝气方式,调节池的曝气鼓风机最好是专用的,若与其他水池共用,在调节池水降低时,空气大量进入调节池,会造成其他水池如曝气池送风量不足。曝气式搅拌的搅拌强度随调节池水位而改变,水位高时,污水混合充分,能防止污泥堆积。二是采用射流曝气方式即将水中的泵和喷射器组合,利用泵的排出水流和吸入的空气流进行曝气混合。

(4)对于含挥发性物质和发泡性物质的污水,要避免曝气式搅拌,而应采取更为恰当的措施。在处理含酸废水时,要注意检查调节池的耐酸涂层及衬里,若出现问题应及时修补。

(5)调节池的有效容积应能够容纳水质和水量变化一个周期所排放的全部废水量,为同时获得要求的某种预处理(如生物水解酸化、脱除某种气体等)效果,应适当增加调节池的容积。

(6)虽然调节池前一般都设置格栅等除污设施,但池中仍然有可能积累大量沉淀物,因此应及时将这些沉淀物清除,以免减小调节池的有效容积,影响到调节的效果。清扫调节池时,要注意换气,防止有害气体产生和缺氧现象发生。同时要避免个人单独作业。

(7)城市污水的水质和水量随时间而变化,污水量越小,其水质和水量变化程度越大。城市工业污水的水质和水量也会随着企业的性质不同而变化。污水的水量变化对污水处理设备,特别是生物处理设施正常发挥其净化功能是不利的,甚至可能产生破坏。在这种情况下,企业通常采取的措施是在污水处理系统之前,设均和调节池,用以进行水量的调节和水质的均和,以保证污水处理设施的正常运营。此外,调节池还可以起到临时贮存事故排水的作用。

(8)调节池的形式和容量的大小,随城市污水排放过程的特点和规律,以及对调节、均和要求的不同而异。如污水的水质变化不大,对污水处理没有影响,而只是需要在水量上有所贮存,则此时只需要设置简单的水池,作为水量调节之用,贮存盈余,补充短缺,使生物处理设施在一日内都能够得到均和的进水量,保证正常运营。

二、调节池运营操作技术要点

(1)经常巡查、观察调节池水位变化情况,定期检测调节池进水和出水的水质,以考察调节池运营状况和调节效果,发现异常问题要及时解决。

(2)事故调节池的阀门必须能够实现自动控制,以保证事故发生时,能及时将事故污水排入池中。另外,事故调节池在日常应保持排空状态,以保证事故发生时,能够容纳所有的事故污水。

(3)污水厂的调节池在建设过程中,一般会根据实际的用地情况进行布局,有的建设在粗格栅前,当污水来水时可以直接先进调节池再经过处理构筑物;有的建设在提升泵后,通过水泵提升后进入高位的调节池,然后溢流或二次提升进入后续处理构筑物;也有的建设在旁路,在常规流线上从污水提升泵出水管路分出一条管路,进入调节池内,可根据实际的运营需要决定调节池的启用与否。

对于设置在旁路的调节池,进水时需检查调节池进水管路上阀门是否打开以及旁路上阀门是否关闭。

操作步骤:打开进水主管路进水电动阀、进水手动阀及调节池进水阀,确认无误后通知班长已具备进水条件。

(4)潜水搅拌机的操作规程。

①运营。潜水搅拌机启动前操作如下。

a. 检查油位应达到轴线以上。

b. 检查叶轮是否可以用手转动。

c. 检查电缆入口是否被稳妥封紧。

d. 如有监控装置,检查其工作性能。

e. 检查叶轮旋转方向。面对叶轮看过去,叶轮应逆时针旋转,严禁反向旋转。

②试运营。

a. 试运营开始时,设备应被固定在导杆上。

b. 叶轮启动时冲击力很大,应特别小心。运转时,也要小心旋转中的叶轮。

c. 在启动过程中,应先试运营潜水搅拌机并注意启动时的电流冲击。

启动时几秒内,电流高于工作时电流的 10%~20%为正常现象。稳态状态下的电流应比额定电流低。电流消耗过大可能是由于液体黏性强或浓度高造成的,也可能是潜水搅拌机调试不当造成的。检查潜水搅拌机是否摇摆振动。在小容量池子中搅拌过于猛烈,由叶轮不平衡或潜入过浅时叶轮卷起的空气所引起的液体流入与流出不协调都可能造成摇摆与振动。几台潜水搅拌机如果相互干扰也会造成摇摆与振动。

③连续运营。

a. 保证潜水搅拌机完全在水下运营。

b. 潜水搅拌机仍在使用或浸在水中,在 30 ℃以下的气温时,可以继续使用,当水温超过 40 ℃时,严禁使用潜水搅拌机。

c. 潜水搅拌机使用润滑脂或润滑油进行润滑,由于密封磨损,润滑脂或润滑油会漏出。

如发生漏出情况，应立即将潜水搅拌机送至设备供应商维修部或委托维修点，更换密封，以免将电机烧坏。

d. 未切断电源时，不得移动潜水搅拌机，人不得进入水中。

④维护与保养。

a. 开始进行设备维护前，务必保证潜水搅拌机与电源切断并且无法被意外启动。为避免受伤，务必留意损坏和磨损的组件的状态。

b. 保证潜水搅拌机或其部件的稳定性，确保其不会滚动或倒下，以免造成人员伤害或物品的损坏。

课件

调节池运营与维护

评价

评一评

评价指标		评价主体		
一级指标	二级指标	学生自评	学生互评	教师评价
知识目标	了解调节池的概念			
	了解调节池的作用			
	了解调节处理的类型			
	了解调节池设置的基本要求			
能力目标	掌握调节池的运营与管理原则			
	掌握调节池运营操作技术要点			
	掌握潜水搅拌机的操作技术要点			
素质目标	具备团结协作的能力			
	具备安全意识			

总结反思

任务 2.3　沉淀池运营与维护

工单编号		姓名：	班级：
面向专业		学号：	学时：

教学目标

(1)了解沉淀池运营与维护必备知识点；
(2)掌握沉淀池运营与维护技术要点。

任务必备知识点

沉淀池运营维护必备知识点

一、沉淀的基本原理和分类

(一)原理

沉淀池的原理是利用颗粒与水的密度之差，相对密度>1，下沉；相对密度<1，上浮。沉淀工艺简单，应用极为广泛，主要用于去除 100 μm 以上的颗粒。

污水处理过程：平流沉砂池(去除无机物)—初次沉淀池(去除悬浮有机物)—二次沉淀池(活性污泥与水分离)—污泥浓缩池(污泥处理)。

(二)分类

1. 自由沉淀

自由沉淀也称为离散沉淀，是一种相互之间无絮凝作用的悬浮物在稀溶液中的沉淀。当悬浮物浓度不高时，在沉淀的过程中，颗粒之间互不碰撞，呈单颗粒状态，各自独立地完成沉淀过程。颗粒的形状、粒径和密度将直接决定颗粒的下沉速度，污水的水平流速和停留时间也会影响沉淀效果。

平流沉砂池中砂粒的沉淀过程是典型的自由沉淀，沉淀效果由污水的水平流速和停留时间决定。初次沉淀池的沉淀初期也属于自由沉淀，但初次沉淀池的自由沉淀历时很短，絮凝体将发生相互黏结，形成另一种沉淀类型。

2. 絮凝沉淀

当悬浮物质浓度为 50~500 mg/L 时，在沉淀过程中，颗粒与颗粒之间可能互相碰撞产生絮凝作用，使颗粒的粒径与质量逐渐加大，沉淀速度不断加快，故实际沉速很难用理论公式计算，而主要靠试验测定。

初次沉淀池中的颗粒在经过短暂的自由沉淀后，会立即转化为絮凝沉淀。另外，活性污泥在二次沉淀池内的沉淀初期也属于絮凝沉淀。

3. 成层沉淀

当悬浮物质浓度大于 500 mg/L 时，在沉淀过程中，相邻颗粒之间互相妨碍、干扰，沉速大的颗粒也无法超越沉速小的颗粒，各自保持相对位置不变，并在聚合力的作用下，颗粒群结合成一个整体向下沉淀，与澄清水之间形成清晰的液-固界面，沉淀显示为界面下沉。

活性污泥在二次沉淀池中的沉淀中期，以及污泥浓缩池的开始沉淀阶段都是成层沉淀。

4. 压缩沉淀

当污水中的悬浮固体浓度很高时，颗粒之间相互接触彼此支撑，在上层颗粒的重力作用下，下层颗粒间隙中的游离水被挤出界面，颗粒之间相互拥挤得更加紧密，污水中的悬浮物被浓缩。

活性污泥在二次沉淀池的沉淀后期和污泥在污泥浓缩池的重力浓缩都属于这一阶段。

二、沉淀池的概念、构造及常见类型

（一）沉淀池的概念

沉淀池是利用重力沉降作用将密度比水大的悬浮颗粒从水中去除的处理构筑物，是污水处理中应用最广泛的处理单元之一。沉淀池可用于污水预处理、生物处理和后处理及深度处理。沉淀池包括进水区、沉淀区、缓冲区、污泥区和出水区五个部分。进水区和出水区的作用是使水流均匀地流过沉淀池，避免短流和减少紊流对沉淀产生的不利影响，同时减小死水区，提高沉淀池的容积利用率；沉淀区也称澄清区，即沉淀池的工作区，是可沉颗粒与废水分离的区域；污泥区是污泥贮存、浓缩和排出的区域；缓冲区则是分隔沉淀区和污泥区的水层区域，保证已经沉淀的颗粒不因水流搅动而再次浮起。

（二）沉淀池的构造

（1）沉淀池由以下四个功能区组成：

①进水区；

②沉淀区；

③缓冲区；

④污泥区；

⑤出水区。

（三）沉淀池的常见类型

（1）根据水流方向，沉淀池可以分为以下四种类型。

①平流式

平流式沉淀池由进/出水口、水流部分和污泥斗三个部分组成，多用混凝土建造。平流式沉淀池构造简单，沉淀效果好，工作性能稳定，使用广泛，但占地面积较大。若加设刮泥机或对相对密度较大沉渣采用机械排除，可提高沉淀池的工作效率。

②竖流式

竖流式沉淀池的池体平面为圆形或方形。污水由设在沉淀池中心的进水管自上而下排入池中，进水的出口下设伞形挡板，使污水在池中均匀分布，然后沿池的整个断面缓慢上升。悬浮物在重力作用下沉降入池底的锥形污泥斗中，澄清水从池上端周围的溢流堰中排出。溢流堰前也可设浮渣槽和挡板，保证出水水质。这种池占地面积小，但深度大，池底为锥形，施工较困难。

③辐流式

辐流式沉淀池的池体平面多为圆形，也有方形的。其直径较大而深度较小，直径为20~100 m，池中心水深不大于4 m，周边水深不小于1.5 m。污水自池中心进水管入池，沿半径方向向池周缓慢流动。悬浮物在流动中沉降，并沿池底坡面进入污泥斗，澄清水从池周溢流入出水渠。

④斜板(管)式

斜板(管)式沉淀池运用“浅层沉淀”原理，缩短颗粒沉降距离，从而缩短了沉淀时间，并且增加了沉淀池的沉淀面积，提高了处理效率。在沉淀池内增设一组斜板(斜管)，既增大了沉淀面积，也缩短了沉淀时间，与此同时，板间(管间)的水流也由紊流变为层流，同样提高了沉淀效率。

(2)按在污水处理流程中的位置，分为以下三种沉淀池：

①初次沉淀池；

②二次沉淀池；

③污泥浓缩池。

(四)沉淀池的选择原则

1. 根据废水量的大小来选择

如废水量大，可考虑采用平流式或辐流式沉淀池；如废水量小，可考虑采用竖流式或斜板(管)式沉淀池。

2. 根据悬浮物质的沉降性能与泥渣性能来选择

流动性差、相对密度大的污泥，不能用水静压力排泥，需用机械排泥，因此不宜采用竖流式沉淀池，可考虑采用平流式、辐流式沉淀池，对于黏性大的污泥，不宜用斜板(管)式沉淀池，以免发生堵塞。

3. 根据总体布置与地质条件来选择

用地紧张的地区，宜采用竖流式、斜板(管)式沉淀池。地下水位高、施工困难地区，不宜采用竖流式沉淀池，宜采用平流式沉淀池。

4. 根据造价高低与运营管理水平来选择

平流式沉淀池的造价低，而斜板(管)式、竖流式沉淀池造价较高。从运营管理方面考虑，竖流式沉淀池的排泥较方便，管理较简单；而辐流式沉淀池排泥设备复杂，要求具有较高的运营管理水平。

三、沉淀池在水处理中的应用

沉淀过程是用固液分离的物理手段处理污水的过程。沉淀已成为城市污水处理中几乎不可缺少的一种处理工艺，而且可以在一个处理流程中多次运用。在城市污水处理中，沉淀的功能可用于以下几个方面。

(1)在一级处理系统中,沉淀是主要处理工艺,污水处理效果的高低,基本是由沉淀效果来决定的。

(2)在二级处理系统中,沉淀具有多种作用,在生物处理前,设置初次沉淀池,主要的作用是减轻后续处理设备的负荷,保证生物处理设备净化功能的正常发挥。在生物处理后设二次沉淀池,其作用是泥水分离,使处理水得到澄清。

(3)重力浓缩过程也是沉淀作用的一种形式,称为压缩沉淀。生物处理后剩余污泥的含水率很高,一般在99%以上。为了减少污泥量,缩小污泥消化池容积,则需要先将污泥经过一定程度浓缩,再进一步处理污泥,这种沉淀池称污泥浓缩池。

任务实施

沉淀池运营与维护技术要点

一、沉淀池的工艺控制内容

沉淀池的入流污水已经过格栅和沉砂池,去除了较大的悬浮物和相对密度较大、易于分离的颗粒物质,还需在沉淀池中通过重力沉淀去除污水中尚存的细小砂粒和SS(悬浮物,suspended substance)。在进水水质正常的情况下,沉淀池对入流污水中BOD和SS两项污染物去除率指标应分别大于25%和40%。对沉淀池的运营管理应在保证均匀布水、均匀出流的基础上,通过对工艺运营参数的控制、沉淀池配套设施日常维护以及水面监视来及时应对由入流污水水量、水温及SS负荷的变化引起的出水水质变化,保证沉淀池的出水水质满足设计要求。

(一)表面水力负荷的控制

沉淀池表面水力负荷越低,SS去除率越高。但由此可使活性污泥指数升高,有可能生成二次沉淀池难以沉淀的絮体;SS去除率高还可使曝气池所需的SS也被沉淀去除,导致曝气池进水BOD/SS升高,容易引起污泥膨胀和污泥指数上升,使处理出水水质恶化;同时水力负荷低,水力停留时间增加,可导致污水在沉淀池中腐败。沉淀池表面水力负荷太高,SS的去除效率下降。因此,需根据污水处理厂入流污水水质、沉降性物质的比例和SS浓度,由操作人员对表面负荷进行调节控制,将表面负荷控制在最佳范围。

表面负荷的调节控制可通过增减使用池数进行。对污水参数的短期变化,也可采用控制入池的方法,将污水在上游管网内进行短期储存。不同的污水处理厂应根据入流污水水量及水质选定相应的值。当SS去除率过高时,应增加表面负荷,以增加曝气池SS的入流量。进水SS浓度过低时,若实际情况允许,可通过超越管线的方式将污水直接通入曝气池,以获得较好的处理效果。

(二)流量的调节控制

流量可通过调节配水井上各池进水闸阀的开启度,使并联运营的几个沉淀池水量均匀,负荷相等,停留时间一致。在污水入流量波动较大的情况下,为均衡各池的流量,可使用污水入流闸门对流量进行调节。将入流闸门全开,如闸门关得过小,会使入流速度过快,导致入流侧发生紊流，影响沉淀效果。当多池运营而又未设置均匀分配污水处理量的设施时，入流水量最多的池闸门可关小一些，在不影响使用的情况下保持流量均衡。

（三）刮泥机运营方式的控制

初次淀池的刮泥机可以连续运营，也可以间歇运营。根据沉淀池和刮泥机的形式，确定刮泥方式、刮泥周期的长短，避免沉积污泥停留时间过长造成浮泥，或过于频繁刮泥扰动已沉下的污泥。

（四）排泥量的调节

排泥是沉淀池运行中最重要也是最难控制的一项操作，有连续排泥和间歇排泥两种方式。沉淀池排泥的含水率要求在97%以下，含水率低易于脱水，并可节省能耗，降低脱水机械设备的磨损，提高脱水效率。为了达到排出的污泥含水率低的效果，在工艺条件允许的情况下常采用间歇排泥的方式。沉淀池排泥时间为排泥管中的固体含量由排泥开始降低到接近于零所需的时间。每次排泥的时间取决于污泥量、排泥泵的容量和浓缩池要求的进泥浓度。

排泥方式可分为人工控制和自动控制排泥泵的启停，根据污水处理厂的规模和实际情况选择适合的排泥方式。自动排泥最常用的控制方式是时间程序控制，即定时排泥、定时停泵，这种排泥方式要达到准确排泥，需要经常对污泥浓度进行测定或采用污泥浓度计等仪器，通过调整泥泵的运营时间来控制污泥的排放量。

排泥浓度下降的主要原因是排泥时间偏长，应调整排泥时间。排泥管内的污泥浓度达到3%时，才能进行排泥。排泥管中的污泥浓度在排泥开始时较高，随时间逐渐降低，超过某一时刻后会迅速下降。排高浓度污泥时需在浓度急剧下降前停止排泥，可在排泥管路上设置污泥浓度计，当排泥浓度降至设定值时，泥泵自动停止。时间和临界浓度的设定可根据污水处理厂的运营经验来制定，由此控制排泥泵的开停时间及污泥的排量。

（五）回流水量的控制

回流水主要指污水处理厂内的杂排水、污泥浓缩设备的分离液、消化池的上清液、污泥脱水分离液和污泥焚烧设备的排气洗涤水等。回流水的水质和水量很难定量化，对沉淀池的运营管理有一定的影响。在运营中应加强对厂内杂排水和污泥处理设施的管理与控制，防止高浓度SS回流水进入沉淀池。

二、沉淀池的运营参数

沉淀池的维护操作要点见表2.3.1。

表2.3.1　沉淀池的维护操作要点

池型	表面负荷/[$m^3/(m^2 \cdot h^{-1})$]	停留时间/h	含水率/%
平流式沉淀池	0.8~2.0	1.0~2.5	95~97
辐流式沉淀池	1.5~3.0	1.0~2.0	95~97

注：当进水浓度符合设计进水指标时，出水BOD_5、CODcr和SS的去除率应分别大于25%、30%和40%。

三、沉淀池的维护操作要点

(1)根据池组设置、进水量变化调节各池进水量,使各池配水均匀。

(2)根据污泥沉降性能、污泥界面高度、污泥量等确定排泥的频率和时间。

(3)沉砂池堰口保持出水均匀,不得有污泥溢出。

(4)排出的浮渣应及时处理或处置。

(5)采用静压排泥的,按相应的排泥时间和频率排泥。

(6)刮泥机运营时,不得多人同时在刮泥机走道上滞留。

(7)根据运营情况应定期对斜板(管)和池体进行冲刷,并应经常检查刮泥机电机的电刷、行走装置、浮渣刮板、刮泥板等易磨损件,发现损坏应及时更换。

(8)对斜板(管)及附属设备应定期进行检修。

(9)每年排空 1 次,清理配水渠、管道和池体底部积泥并检修刮泥机及水下部件等。

(10)辐流式沉淀池刮泥机长时间待修或停用时,应将池内污泥放空。

四、沉淀池的主要设备维护操作要点

沉淀池主要使用的机械设备为排泥设备,用于将沉淀在池底的污泥刮吸排除。排泥设备主要分为刮泥机(图 2.3.1)和吸泥机,排泥设备分类见表 2.3.2,刮泥机主要用于将沉淀在池底的污泥刮集至积泥坑,以便污泥回流或浓缩脱水,并将池面浮渣撇向集渣斗,通过浮渣漏斗排出池外,以便进一步处理。

图 2.3.1 刮泥机

表 2.3.2　排泥设备分类

序号	池型	排泥设备类型	排泥设备类型分类	排泥设备型号
1	辐流式沉淀池	刮泥机	中心转动/割泥机	ZXG 型中心传动刮泥机
2			周边传动刮泥机	ZBG 型周边传动刮泥机
3	斜板(管)式沉淀池		潜水式刮泥机	QG 型钢丝绳牵引刮泥机
4	平流式沉淀池	吸泥机	虹吸式桁车吸泥机	SX 型平篦式沉淀池虹吸式吸泥机
5			泵吸式桁车吸泥机	SB 平流式沉淀池泵吸式吸泥机

课件

沉淀池的运营与维护

评价

评一评

评价指标		评价主体		
一级指标	二级指标	学生自评	学生互评	教师评价
知识目标	了解沉淀的基本原理和分类			
	了解沉淀池的概念、构造及常见类型			
	了解沉淀池的选择原则			
能力目标	掌握沉淀池的工艺控制内容			
	掌握沉淀池运营参数			
	掌握沉淀池的维护操作要点			
	掌握沉淀池的主要设备操作要点			
素质目标	具备团结协作的能力			
	具备安全意识			

总结反思

任务 2.4　隔油池运营与维护

工单编号		姓名：	班级：
面向专业		学号：	学时：

教学目标

(1)了解隔油池运营与维护必备知识点；
(2)掌握隔油池运营与维护技术要点。

任务必备知识点

隔油池运营与维护知识点

一、隔油池的作用

隔油池的作用是利用自然上浮法分离、去除含油废水中可浮性油类物质的构筑物。隔油池能去除污水中处于悬浮和粗分散状态的相对密度小于 1.0 的石油类物质,而对处于乳化、溶解及分散状态的油类几乎不起作用。在隔油池中,相对密度小于水的油上浮到池面,而相对密度大于水的悬浮杂质则下沉到池底部。

二、隔油池的常见类型

目前常用的隔油池有以下两种类型：
(1)平流式隔油池；
(2)斜板式隔油池。

三、隔油池的收油装置

(1)固定式集油管收油。固定式集油管设在隔油池的出水口附近,其中心线标高一般在设计水位以下 60 mm 处,距池顶高度要超过 500 mm。小型隔油池通常采用这种方式收油。

(2)移动式收油装置收油。当隔油池容积较大且无刮油设施时,可根据浮油的悬浮和分布情况,使用移动式收油装置灵活地移动收油。

(3)自动收油罩收油。隔油池分离段没有集油管或集油管效果不好时,可安装自动收油罩收油。

(4)刮油机刮油。大型隔油池通常使用刮油机将浮油刮到集油管。刮油机的形式和气浮池刮渣机相同,有时和刮泥同时进行,称为刮油刮泥机。

任务实施

隔油池运营与维护技术要点

隔油池的运营管理原则如下。

(1)隔油池必须同时具备收油和排泥措施。

(2)隔油池应密闭或加活动盖板,以防止油气对环境的污染和火灾的发生,同时可以起到防雨和保温的作用。

(3)寒冷地区的隔油池应采取有效的保温防寒措施,以防污油凝固。为确保污油流动顺畅,可在集油管及污油输送管下设置热源为蒸汽的加热器。

(4)隔油池周围一定范围内要确定为禁火区,并配备足够的消防器材和其他消防手段。隔油池内防火一般采用蒸汽,通常是在池顶盖以下 200 mm 处沿池壁设一圈蒸汽消防管道。

(5)隔油池附近要有蒸汽管道接头,以便接通临时蒸汽扑灭火灾,或在冬季气温低时因污油凝固引起管道堵塞或池壁等处黏挂污油时清理管道或去污。

课件

隔油池运营与维护

评价

评一评

评价指标		评价主体		
一级指标	二级指标	学生自评	学生互评	教师评价
知识目标	了解隔油池的作用			
	了解隔油池的常见类型			
	了解隔油池的收油装置			
能力目标	掌握隔油池的运营管理原则			

总结反思

任务 2.5　沉砂池运营与维护

工单编号		姓名：	班级：
面向专业		学号：	学时：

教学目标

(1)了解沉砂池运营与维护必备知识点；
(2)掌握沉砂池运营与维护技术要点。

任务必备知识点

沉砂池运营与维护知识点

一、沉砂池的主要功能

沉砂池的主要功能是利用物理原理去除污水中密度较大、易沉淀分离的颗粒物质，主要包括无机的砂粒、砾石和少量较重的有机颗粒，如果核、骨条等。在上述颗粒物质的表面往往还附着一些黏性有机物质。一般设在泵站、倒虹管、沉淀池前，除砂可减少后续工艺流程中机械部件、污泥泵的磨损，减少管道的堵塞，降低污泥负荷，改善水处理条件，避免砂粒在曝气池和污泥消化池中的积累，防止淤塞曝气头，维持污泥处理构筑物的有效容积，提高污泥有机组分的含量，提高污泥作为肥料的价值。

二、沉砂池的类型

沉砂池按原理或结构的差别分为平流沉砂池、竖流沉砂池、曝气沉砂池、钟氏沉砂池(涡流沉砂池)。其中竖流沉砂池处理效果较差，目前已很少使用。

三、曝气沉砂池的基本运营参数

1. 水平流速一般为 0.08~0.12 m/s，旋转流速应保持在 0.25 ~0.3 m/s。

2. 污水在池内的停留时间为 4~6 min，最大流量时为 1~3 m/s，如作为预曝气，停留时间为 10~30 min。

3. 曝气沉砂池多采用穿孔管曝气，孔径为 2.5~6.0 mm，距池底 0.6~0.9 m，并应设调节阀，以便根据水量和水质调节曝气量，每立方米污水供气量为 0.1~0.2 m^3。

任务实施

沉砂池的运营与维护技术要点

沉砂池的管理主要应按设计流量控制运营，停留时间越短、体积越小的构筑物，越要注意进水的均匀性。设计中应预留有足够的超高，平流沉砂池中污水的平均流速一般为0.1~0.15 m/s，竖流沉砂池的上升流速应控制在0.02~0.1 m/s。

一、沉砂池运营操作的主要内容

(1)沉砂池的设计流速应控制到只能分离去除相对密度较大的无机、有机颗粒，一般以去除直径为0.2 mm以上的细砂为基准。由于砂粒沉速较快，因此沉砂池设计停留时间较短。

(2)重力排砂时，应关闭进出水闸门，对多个排砂管应逐个打开排砂闸门，直到沉砂池内积砂全部排除干净；必要时可稍微开启进水闸门使用污水冲洗池底残砂，应避免数天或数周不排砂，其将导致沉砂结团而堵塞排砂口的事故发生。排砂机械应连续式运转，以免因积砂过多造成排砂机械超负荷运营而被损坏。

(3)每周对进出水闸门、排砂闸门进行一次清洁保养并定期加油。

(4)定期对沉砂进行化验分析，测定含水率和灰分含量。

(5)沉砂池操作环境很差，气体腐蚀性较强，管道、设备和闸门等容易腐蚀和磨损，因此要加强检查和保养工作，如注意运动机械设备的加油和检查设备的紧固状态、温升、振动和噪声等常规项目，并定期用油漆防锈。

二、配水与气量分配

通过调节沉砂池的入流调节闸门或阀门，使进入每一条沉砂池的水量均匀。如果配水不均匀，则会出现沉砂池处于低负荷运营的状态，也有处于超负荷运营的状态。对于曝气沉砂池来说，只有配水均匀，才可能实现配气均匀。因为几个沉砂池共用一根空气干管，池与池之间的液位稍有不同，就有可能导致各池的气量分配严重不均，致使有的沉砂池曝气过量，而有的则曝气不足，使总的除砂效率降低。

三、除砂与洗砂

在沉砂池中沉淀下来的沉砂需要及时清除。除砂设备的种类很多，小型处理厂一般采用阀门控制的重力排砂，大型处理厂则采用机械除砂。在20世纪80年代以前，国内外大多数污水处理厂采用抓斗式或链斗式除砂，利用链条刮板(又称刮砂机)从池底集砂沟中收集沉砂，并通过抓斗将收集的沉砂装车运走。也可用安装在往复行走的桥车上的泵，抽出池底的砂水混合物。

除砂操作重点要根据沉砂量的多少及变化规律，合理地安排排砂次数，以保证及时排砂。用阀门控制的重力排砂方式，如排砂间隙过长则会堵塞排砂管，此时可用气泵反冲洗，疏通排砂管；反之，如排砂间隙太短会使排砂含水率增大。

四、常见类型沉砂池的运营管理

（一）平流沉砂池

平流沉砂池呈矩形，污水进入后，沿水平方向流至末端后经堰板流出沉砂池。平流沉砂池的运营主要控制污水在池内的水平流速，核算停留时间。水平流速一般控制在 0.15～0.30 m/s，具体取决于沉砂粒径的大小。越小的砂粒需越低的水平流速去除。但水平流速不能太低，否则本应在沉淀池去除的一些有机污泥也将在沉砂池沉淀下来，使沉砂池排出物极易腐败，难以处置。运营人员应在运转实践中摸索出既能有效除砂又不致使有机物大量下沉的最佳流速范围。

水平流速的控制方法：

（1）改变投入运转的池数；

（2）调节出水溢流堰来改变池的有效水深。污水在池内的停留时间决定了砂粒去除效率，一般控制在 30～60 s。停留时间越长，砂粒去除效率越高。但停留时间过长，也会导致有机污泥的大量沉淀。

（二）曝气沉砂池

普通平流式沉砂池沉砂中夹杂一定比例的有机物，而且对被有机物包覆的砂粒截留效果不佳，且沉砂易于腐化发臭，会增加沉砂后续处理的难度。曝气沉砂池不仅可以克服上述缺点，还可以对污水起到预曝气的作用。曝气沉砂池呈圆形或矩形。在曝气沉砂池中，进水方向与水流方向垂直，在沉砂池侧墙上设置一排空气扩散器，使污水横向流动，形成螺旋形的旋转流态，由于砂粒密度不同，密度大的砂粒通过离心作用被旋至外圈，与污水产生旋转摩擦，表面附着的黏性有机物被冲洗到污水中。曝气沉砂池排出的沉砂有机成分较低，污水中的油脂类物质由于曝气的气浮作用会上升至水面形成浮渣而被去除。

直接决定砂粒沉降的工艺参数是污水在沉砂池内的旋流速度和旋转圈数。

（1）旋流速度与沉砂池的几何尺寸、扩散器的安装位置和曝气强度等因素有关。粒径越小的砂粒一般需要较大的旋流速度（但旋流速度又不能太大，否则沉下的砂粒将会重新泛起）。在运营管理中，通过调节曝气强度来改变池内污水的旋流速度，使大于某一粒径的砂粒得以沉淀下来。

（2）旋转圈数与曝气强度及污水在池内的水平流速有关，曝气强度越大，旋转圈数越多，沉砂效率越高。水平流速越大，旋转圈数越少，沉砂效率越低。当进入沉砂池的污水量增大时，水平流速也将增大，此时应增大曝气强度，保证足够的旋转圈数，不使沉砂效率降低。

运营人员应根据入流污水中砂粒的主要粒径分布及沉砂池的具体情况，在运转实践中摸索出曝气强度与水平流速之间的关系，以方便运营调度。

（三）钟式沉砂池（涡流沉砂池）

钟式沉砂池一般呈圆形，池中心设有一台可调速的旋转桨板，旋转桨板下部设有积砂斗,在进水渠道与池底相接处设有挡板,污水切向进入沉砂池后,受挡板作用流向池底,继而在向心力和螺旋桨的作用下,形成复杂的涡旋流态。砂粒借重力沉向池底并向中心移动。越靠中心,水力断面越小,流速越大,砂粒被冲入中心的积砂斗内。从径向看涡旋流态,污水在靠池壁处向下流,至池中逐渐改为向上流,有机物由于密度小,则在池中心随污水的上流而排出池外。通过合理调整旋转桨板的转速,可以有效地去除其他形式沉砂池难以去除的细砂(如0.1 mm以下的砂粒)。

钟式沉砂池主要控制参数为进水渠道内的流速、圆池的水力表面负荷和停留时间。

(1)进水渠道内的流速:一般控制在0.6~0.9 m/s。

(2)圆池的水力表面负荷:指单位面积单位时间处理污水的量,一般控制在200 $m^3/(m^2 \cdot h)$。

(3)停留时间:一般控制在20~30 s。

课件

沉砂池运营与维护

评价

评一评

评价指标		评价主体		
一级指标	二级指标	学生自评	学生互评	教师评价
知识目标	了解沉砂池的主要功能			
	了解沉砂池的类型			
能力目标	掌握沉砂池运营操作的主要内容			
	掌握沉砂池配水与气量分配			
	掌握沉砂池除砂与洗砂技术要点			
	掌握常见类型沉砂池的运营管理			

总 结 反 思

任务 2.6　气浮池运营与维护

工单编号		姓名：	班级：
面向专业		学号：	学时：

教学目标

(1)了解气浮池运营与维护必备知识点；
(2)掌握气浮池运营与维护技术要点。

任务必备知识点

气浮池运营与维护知识点

一、气浮池的相关知识点

(一)气浮的概念

气浮是重力作用下的固液分离，按照悬浮物在液体中的悬浮颗粒密度大于或小于液体密度分为两类：悬浮物在液体中的悬浮颗粒密度大于液体密度时为沉降分离；悬浮物在液体中的悬浮颗粒密度小于液体密度时为气浮分离。

气浮与絮粒重力自然沉降的沉淀、澄清工艺不同，它运用絮凝和浮选原理使杂质分离上浮从而去除。气浮依靠微气泡，使其黏附于絮粒上，实现絮粒强制性上浮，由于气泡的密度远小于水，浮力很大，因此能促进絮粒迅速上浮，以提高固、液分离速度。

气浮工艺一般适合处理低浊(浊度小于 50 NTU)、低密质悬浮物、高藻、低温、低溶解氧、臭味、腐殖质含量较高、高色度、溶解性有机物的水库水。气浮可有效去除原水中隐孢子虫卵囊。

(二)气浮池的形式与类型

气浮池形式主要有平流气浮池、竖流气浮池、与沉淀池相结合的气浮池、与过滤相结合的气浮池。

气浮类型主要包括部分回流压力溶气气浮法、全部溶气压力溶气气浮法、分散空气气浮法、电解凝聚气浮法、全自动内循环射流气浮法等。目前，使用较为普遍的是部分回流压力溶气气浮工艺。

压力溶气气浮工艺将回流循环 10% 的气浮池出水，通过一个气/水饱和系统形成高压溶气水，喷射到气浮池中，与原水混合，调节减压阀使循环水的压力骤然减小，由于压力的变化产生大量微小气泡，气泡附着在絮凝颗粒上，并快速上浮至水面，形成稳定的悬浮污泥，当泥位到一定高度，开启气动快开阀，将浮渣排出。

压力溶气气浮工艺的局限性：需要一套供气、溶气、释放系统，设备多，维护量大，日常电费较高；在来水水质恶劣时可能带来环境问题；对于高浊水（>100 NTU）处理效果差，应在其前面增加预沉池。

二、气浮的原理

气浮是在水中产生大量细微气泡，细微气泡与污水中的细小悬浮粒子相黏附，形成整体密度小于水的“气泡-颗粒”复合体，悬浮颗粒随气泡一起浮升到水面，形成泡沫或浮渣，从而使水中悬浮物得以分离。气浮的原理如图 2.6.1 所示。

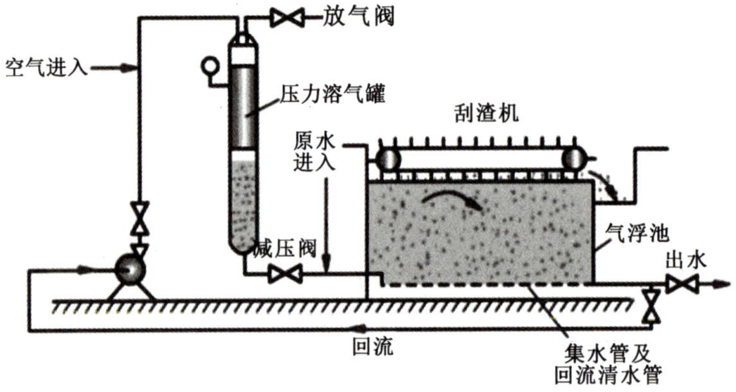

图 2.6.1 气浮的原理

三、气浮法的类型

气浮法按照产生微气泡方式的不同可分为以下三种：

（1）溶气气浮法；

（2）散气气浮法；

（3）电解气浮法。

其中，溶气气浮法是目前应用最广泛的一种气浮方法。

四、气浮法在污水处理中应用

（1）炼油厂含油污水的处理。

（2）造纸白水的处理。

五、气浮系统的调试

(一)调试前的工作

拆下或封闭所有释放器,反复清洗管路及溶气罐,直至出水中无杂质;检查连接溶气罐和空压机间管路上的单向阀的水流方向是否指向溶气罐。

(二)调试时的工作

(1)先用清水调试压力溶气罐和溶气释放系统,待该系统运营正常后,再向气浮池内注入原污水。

(2)控制压力溶气罐内的水位距罐底 60~100 cm(既不淹没填料,也不能过低),将进出水阀门完全打开,防止出水阀门处截流,气泡提前释出。

(三)异常现象及解决方法

(1)接触区浮渣面不平,局部冒出大气泡或水流不稳定,应取下释放器排除堵塞。

(2)分离区浮流面不平,池面常见大气泡破裂,则表明气泡与絮粒黏附不好,应验查并对混凝系统进行调整,不合格出水返回集水井,合格出水进入后续处理。

(3)系统达不到设计流量时,控制气浮池出水调节阀管,将气浮水位稳定在集渣槽口以下 5~10 cm。待水位稳定后,用进出水阀门调节并测量处理水量,直至达到设计流量为止。

(4)浮渣影响出水水质:待浮渣积至 5~8 cm 后,开动刮渣机进行刮渣。检查刮渣和排渣能否正常进行,出水水质是否受到影响。

任务实施

气浮池运营与维护技术要点

一、气浮池运营管理原则

自然上浮装置的处理对象主要是油分,它能使油滴状的油分浮上水面而分离。油滴的分离时间与上浮距离成正比。为能在短时间内完成,故装置内大多设置分离板。这种带有分离板的油分离装置,要求水能均匀地在装置内流过,为防止分离板污泥堆积而阻塞,还要定期进行除泥。

上浮的油滴形成油膜聚集在水面,要采用集油管予以排出。为了尽量使分离的油不与水混合,最好让油膜增厚到一定程度再排出。

加压气浮装置一般都要添加混凝剂,使微粒形成絮体后再浮至水面,因此它与混凝沉淀一样,需要选择最佳加药(混凝剂)条件。

加压气浮装置应能在加压下,使空气充分溶解水中,在减压时,能生成微细的气泡,使絮体附着在气泡上。其主要管理事项如下:

(1)加压水泵的流量和出口压力应保持为原水量的 20%~30%;

(2)应注意使空气充分混入,或通过压缩机压入;

(3)应注意溶气罐气液界面及过剩空气的排出状况;

(4)应注意加压水的喷出是否均匀,上浮池水面的微小气泡是否为乳白色,有无粗大气泡产生;

(5)应注意气泡的吸附性如何,上浮的浮渣是否稳定;

(6)应注意浮渣能否顺利排除,处理水的外观如何;

(7)气浮池的加压气浮装置收集的浮渣,有时因过分浓缩而不能利用管道输送,此时,要加快集渣速度或者将水位提高。

气浮池的加压气浮装置收集的浮渣,有时因过分浓缩而不能利用管道输送,此时,要加快集渣速度或者将水位提高。

二、气浮池的日常维护及管理

(1)根据反应池的絮凝、气浮池分离区浮渣及出水水质情况,调整混凝剂投加量等混凝参数,检查并防止投药管的堵塞。

(2)掌握浮渣积累规律和刮泥时间,建立刮渣制度。

(3)经常观察气浮池池面情况,如果发现接触区浮渣面不平,局部冒出大气泡或水流不稳定,则很可能是释放器受到堵塞;如果分离区浮渣面不平,池面上经常有大气泡破裂,则表明气泡与絮粒黏附不好,应检查并对混凝系统进行调整。

(4)经常观察溶气罐的水位指示管,使其控制在60~100 cm,以保证溶气效果。避免因溶气罐水位脱空,导致大量空气窜入气浮池而破坏净水效果与浮渣层。

(5)冬季水温过低时,絮凝效果差,除增加投药量外,有时还需增加回流水量或溶气压力,以增加微气泡数量及与絮粒的黏附,弥补因水流黏度的增加而降低带气絮粒的上浮性能,保证出水水质。

(6)做好日常运营记录,包括处理水量、水温、进出水水质、投药量、溶气水量、溶气罐压力、刮渣周期、泥渣含水率等。

三、常见问题及解决方案

(1)气浮池进水泵,溶气缸进水泵抽送不到水。其原因为:①泵前的管道阀门漏气;②污物塞住吸水口或污物积累在水泵的泵叶处;③进出水阀门损坏,阀板不能动作。

(2)泵前投加式的药液投加不进去或投加量无法加大。其原因为:①药料缸杂物渣多,阻塞阀门、管道或转子流量计;②管道阀门、流量计有漏水、漏气现象;③泵前管道过粗,管内流速过慢,即管内水头损失过小(真空度过小);④泵的出水量过小,从而造成泵前管内流速过小,水头损失过小。

(3)溶气罐的压力波动过大。①压力过低是空压机的输入压力过低或安全阀失灵;②压力过大是安全阀失效。

课件

气浮池运营与维护

评价

评一评

评价指标		评价主体		
一级指标	二级指标	学生自评	学生互评	教师评价
知识目标	了解气浮池的相关知识点			
	了解气浮池的原理			
	了解气浮法的类型			
	了解气浮系统的调试			
能力目标	掌握气浮池的运营管理原则			
	掌握气浮池的日常维护技术要点			

总 结 反 思

任务 2.7　过滤设施设备运营与维护

工单编号		姓名：	班级：
面向专业		学号：	学时：

教学目标

(1)了解过滤设施设备运营与维护必备知识点；
(2)掌握过滤设施设备运营与维护技术要点。

任务必备知识点

过滤设施设备运营与维护知识要点

过滤是借助粒状材料或多孔介质去除水中杂质的过程，是分离不溶性固体与液体的一种方法。过滤单元主要有深床过滤和表面过滤。深床过滤是依靠筛除、吸附、沉淀、接触絮凝等复杂的作用将水中悬浮物截留其中，由于其过滤效率高，出水水质好且稳定，在水处理工程中被广泛应用。

一、功能与原理

过滤设施设备主要用于去除悬浮颗粒和胶体杂质，特别是用重力沉淀不能有效去除的微小颗粒(固体和油类)和细菌。颗粒材料过滤对废水的 BOD 和 COD 等也有一定的去除作用。

在过滤过程中，水中的污染物颗粒主要通过以下三种作用被去除：

(1)筛滤作用；
(2)沉淀作用；
(3)接触吸附作用。

二、过滤池的常见类型

过滤池通常有以下几种分类方式：

(1)按照滤速的大小分类；
(2)按照滤料的分层结构分类；
(3)按照水流过滤层的方向分类；
(4)按照作用水头分类。

三、过滤池的主要组成部分

过滤池的组成部分主要包括：

(1)滤料层；

(2)承托层；

(3)配水系统；

(4)冲洗系统。

四、过滤的工艺控制与维护

(一)滤速的控制

滤速是过滤池单位面积在单位时间内的过滤水量，计算公式如下：

$$u=\frac{Q}{A}$$

式中　u——滤速，m/h；

Q——过滤水量，m^3/h；

A——过滤池的过滤面积，m^2。

(二)日常维护

(1)定期放空过滤池进行全面检查。

(2)定期对表层滤料进行大强度表面冲洗或更换。

(3)应经常维护各种闸、阀，保证开启正常。喷头应经常检查是否被堵塞。

(4)应时刻保持过滤池池壁及排水槽清洁，并及时清除生长的藻类。

(5)出现以下情况时，应停池大修：

过滤池含泥量显著增多，泥球过多并且靠改善冲洗已无法解决；砂面裂缝太多，甚至已脱离池壁；冲洗后砂团凹凸不平、砂层逐渐降低，出水中携带大量砂粒；配水系统堵塞或管路损坏，造成严重冲洗不匀；过滤池已连续运营10年以上。

过滤池的大修包括以下内容：将滤料取出清洗，并将部分予以更换；将承托层取出清洗，损坏部分予以更换；对过滤池的各部位进行彻底清洗；对所有管路系统进行全面的检查修理，水下部分予以防腐处理。

(6)将滤料清洗或更换后，重新铺装时应注意以下问题。

①应遵循分层铺装的原则，每铺完一层后，首先检查是否按要求的高度刮匀，达到要求后再进行下一层铺装。

②如有条件，应尽量采用水中撒料的方式装填滤料。装填完毕之后，将水放干，将表层的过细沙粒或杂物清除刮掉。

③对于双层滤料，装完底层滤料后，应先进行冲洗，刮除表层的极细颗粒及杂物，再进行上层滤料的装填。

④滤层实际铺装高度应比设计高度高出50 mm。

⑤对于无烟煤滤料，投入过滤池后，应在水中浸泡 24 h 以上，再将水排干进行冲洗刮平。

⑥更换完的滤料，初次进水时，应尽量从底部进水，并浸泡 8 h 以上，方可正式投入运营。

任务实施

过滤设施设备运营与维护技术要点

一、过滤池的工艺控制

（一）滤速与处理量的控制

滤速是过滤池单位面积在单位时间内的滤水量。对于某一确定条件下的过滤池来说，滤速存在最佳值。当滤速太大时，一方面过滤池出水水质会降低，另一方面会使工作周期缩短，冲洗频率增大，导致总冲洗水量的增加；当滤速太小时，一方面会使过滤污水量降低，影响过滤池的总处理能力，另一方面由于杂质穿透深度变浅，主要集中在表层，使下层滤料起不到过滤作用。当入流污水水质、滤料粒径级配及滤料深度一定时，其最佳滤速为保证出水要求前提下的最大滤速。最佳滤速可用模拟试验确定，但实际试运营中确定最佳滤速也不太困难。开始时，先以低滤速运营，此时出水水质可能较好，然后逐渐提高滤速，出水水质也逐渐降低。当出水水质接近或等于要求的水质时，即为最佳滤速。确定了最佳滤速后，即可得到每一个过滤池的最佳污水处理量，用以运营调度。

（二）工作周期的控制

过滤池的工作周期是指开始过滤至需要冲洗所持续的时间。在运营控制中，需要过对滤池是否需要冲洗做出判断，即确定过滤池的工作周期。一般有三种办法：①当水头损失增至最高允许值时，应进行反冲洗；②当出水水质降到最低允许值时，应立即冲洗；③根据经验，定时冲洗。

（三）冲洗强度及冲洗历时的控制

过滤池反冲洗过程中，滤料颗粒表面的污染物质主要是靠冲洗水流的剪力以及颗粒之间的摩擦去除的。要保证冲洗效果，必须合理地控制冲洗强度和冲洗历时。冲洗强度太小，滤料膨胀不起来，起不到冲洗效果；冲洗强度太大，会使滤层强制过度分级或将表层细滤料冲走，并且浪费冲洗水。冲洗历时的影响则是：冲洗历时太短，冲洗不彻底；历时太长，则浪费冲洗水，而且缩短工作周期。最佳冲洗强度及冲洗历时可由模拟试验确定，但大多数都是在试运营中试验确定。

二、过滤池的运营与管理

过滤装置能截留较少的悬浮物质的量，需要使进入过滤装置的悬浮物质质量尽量减少，故对过滤前段处理装置的运转进行严格管理是极为重要的。

无论进水的悬浮物质浓度如何，过滤装置能截留悬浮物质的绝对量都是一定的。因此，在有高浓度污水通入时，滤层短时即被阻塞，而不得不进行反洗。反洗水主要使用过滤出水，若反洗频繁，过滤出水就有可能被全部用完。因此，必须确立为后段过滤装置创造良好过滤条件的观点，而绝不能因为后段有过滤装置而放松对悬浮物质浓度的要求。

目前，为增大过滤装置对悬浮物质的截留量，已出现双层、三层等多种过滤形式。这些形式均力求能在滤料的颗粒之间全面地截留悬浮物，而不只是在滤料表面，以求增大截留量，使过滤能长时间进行。

这样，悬浮物质也会渗入滤层的内部，若反洗不充分，就容易使滤料颗粒固结成块状，形成"泥球"，导致过滤效率降低。在由密度不同的滤料铺设的双层、三层滤床上泥球的生成容易引起滤层颠倒、混合。因此，在可能的情况下，每月将滤料翻动一次，检查有无泥球生成。

过滤原水中含有油分或生物絮体时，要特别注意这种倾向。有时在反洗水中添加氯能取得较好的效果。

三、过滤池的常见问题及处理方法

过滤池的常见问题及处理方法见表 2.7.1。

表 2.7.1　过滤池的常见问题及处理方法

常见问题	原因	处理方法
滤层中发生气阻，使过滤池水头损失增加过快，缩短工作周期。另外，使滤层产生裂缝，产生水流短路，降低出水质量，或导致漏砂	过滤池发生滤干后，未倒滤又继续进水	加强操作管理，一旦出现滤干现象，应先用清水倒滤，使进入滤层中的空气排出后，再继续进水过滤
	用水塔提供反冲洗水时，如果塔内存水用完，空气会随水夹带进入过滤池	随时控制塔内水位，及时上水
	产生"负水头"	提高滤层上的工作水位
	过滤池内产生厌氧分解	适当缩短工作周期
滤料中结泥球，阻塞砂层，或产生裂缝，进而使出水水质恶化	冲洗强度不足	增大冲洗强度
	入流污水污物浓度太高	应加强前级处理效果
	冲洗水配水系统不均匀	检查承托层有无松动，配水穿孔管路是否有损坏，如有松动、损坏应及时修理

表 2.7.1(续)

常见问题	原因	处理方法
滤料表层不平,并出现喷口现象,导致过滤不均匀,使出水水质降低	滤料凸起时,可能是由于承托层或配水系统被堵塞	及时停池检查并予以疏通
	滤料凹下时,可能是由承托层局部塌陷所致	及时检查并修复
出现跑砂漏砂现象,过滤池出水中携带砂粒	冲洗强度过大,膨胀率过大或滤料级配不当	降低冲洗强度。由于滤料级配不当,则应更换滤料
	反冲洗水配水不均匀,使承托层松动	及时停池检修
	气阻现象	消除气阻
出水水质下降,不达标	进水污染物浓度太高	加强前级工艺的处理效果
	滤速太大	应降低滤速
	滤层内产生裂缝,使污水发生短路	应停池检修
	滤料太粗,滤层太薄	更换或加厚滤料

课件

过滤池运营与维护

评价

评一评

评价指标		评价主体		
一级指标	二级指标	学生自评	学生互评	教师评价
知识目标	了解过滤设施设备的功能与原理			
	了解过滤池的常见类型			
	了解过滤池的主要组成部分			

续表

能力目标	掌握过滤设施工艺控制与维护			
	掌握过滤池设施设备运营与维护技术要点			
	掌握过滤池的常见问题及处理方法			

总 结 反 思

项目3 化学处理设施设备运营与维护

任务3.1 中和池运营与维护

工单编号		姓名:	班级:
面向专业		学号:	学时:

教学目标

(1)了解中和池运营与维护必备知识点;
(2)掌握中和池运营与维护技术要点。

任务必备知识点

中和池运营与维护知识要点

一、中和池的概念

中和池是中和酸性或碱性污水的水处理构筑物,用于酸含量低于3%和碱含量低于2%的低浓度含酸含碱污水处理。

普通中和池内一般装有混合搅拌设备,有的还设有pH值检测及投药自控系统。中和酸性污水时,将氢氧化钠、碳酸钠配成水溶液,石灰配成乳液,按需要量投加到池中进行中和反应。碱性污水的中和方法同中和酸性污水一样。中和反应所需时间仅需数分钟,但分离中和产物(如$CaSO_4$等)所需时间为1~2 h。当污水量小而水质和水量变化大时,采用间歇运营方式,有效容积按一个废水变化周期(一班或一昼夜)的水量计算,池数不少于两座,以便交替使用。当水量大及水质比较稳定时,采用连续流运营方式,此时的pH值检测及投药自控系统对保证出水水质起着至关重要的作用。混合搅拌有机械式和水力式两种。机械式混合搅拌在池内安装桨板搅拌机,对水质和水量变化的适应性强,中和反应效果好。水力式混合搅拌又分切流式、涡流式及隔板式等,通过水的强制紊动促进中和反应,但效果稍差。

二、工作原理

中和池是利用酸和碱的中和反应原理进行工作的,即酸+碱或 $H^{+}+OH^{-}=H_2O$ 中和反应时,酸性污水用碱中和,碱性污水用酸中和,当达到所要求的排放标准时,如 pH 值为 6~9 即可进行排放。这样,利用酸和碱即可使不合格的排放水转化为可允许排放的水,这就是中和池的工作原理。

三、中和池的分类

中和池按平面形状分矩形与圆形两种,按工艺分为利用碱性(酸性)污水直接中和、投药中和法和过滤中和法三种。

(1)利用碱性(酸性)污水直接中和是将碱性污水与酸性污水在池中直接混合处理。

(2)投药中和法是在污水进入中和池前投加碱性或酸性药剂(石灰、石灰石、苏打、苛性钠、工业硫酸、盐酸或硝酸等),使酸性废水或碱性废水与药剂在池中匀质混合后进行中和反应处理。

(3)过滤中和法是在池中添加具有中和性能的滤料(石灰石、白云石、大理石等),使酸性废水通过滤料时受到中和作用。

四、中和处理的目的

中和处理的目的主要是避免对排水管道造成腐蚀,减少对受纳水体水生生物的危害,以及对后续废水采用生物处理时能够保证微生物处于最佳生长环境。

(1)酸性污水浓度为 3%或 5%以上,碱性污水浓度为 1%或 3%以上,必须考虑酸碱的回收。

(2)当酸碱污水浓度低于上述值时,回收和综合利用的意义不大,可考虑中和处理,使污水的 pH 值恢复到中性附近的一定范围,一般 pH 值为 6~9。

任务实施

中和池运营与维护技术要点

一、中和池运营管理操作要点

(1)酸、碱性污水应尽量同时排放。在运营时应尽量使碱性污水和酸性污水同时排放,以便在中和池内中和,从而保证排水 pH 值不超标。如无同期排放条件,可先将污水储于调节池中备用。

(2)注意返回稀释水的运营情况。

(3)中和池要合理运营。中和池是酸、碱性污水中和的地方,所以中和池在运营中要注意:一是中和流速要慢;二是其容积要足够。一些工厂的实践表明,中和池的容积要能容纳两个班次的污水，以便使污水有足够的停留时间来进行中和，以免流速过快，影响中和效果。

(4)中和滤器运营得当。

①投料及时，要保证石灰石滤料高度为1.5~1.8 m。

②石灰石滤料粒径为3~5 mm为好，粒径过大，对中和效果有影响。

③滤器运营流速要适当，这主要是因为滤器顶部为开口的，流速会过大。这样，一是由于滤料与中和水的接触时间短，影响中和效果；二是流速过大时，会由于滤料“膨胀”过大而发生溢料。

(5)曝气池压缩风量要足，以保证曝气效果。

二、中和池设备运营管理操作要点

(一)投药中和设备

中和池内一般装有混合搅拌设备，当污水量小而水质、水量变化大时，采用间歇运营方式；当水量大及水质比较稳定时，采用连续流运营方式。混合搅拌有机械式和水力式两种。机械式混合搅拌在池内安装桨板搅拌机，对水质、水量变化的适应性强，中和反应效果好。水力式混合搅拌，通过水的强制紊动促进中和反应，但效果稍差。

(二)过滤中和设备

过滤中和设备一般建成塔状或柱状。过滤池工作时，水由下向上流，上升的水流还可冲走反应生成的CO_2，以防滤料层发生气塞现象。

中和设备的主要管理工作是维护和保养pH计，调整中和剂等。pH调整的管理工作，与中和设备的管理相同。

pH计只要管理得当，便可以长期连续使用，而且可靠性也会提高。pH计要使用标准液进行校正，补充比较电极的电极液，除去电极的污垢。pH计何时进行校正，要按以下方法确定：取中和设备内的液体，比较便携式pH计和现场pH计的指示值，当两者测定值的差超过一定范围时，即为校正时间。便携式pH计需要在测定前采用标准液进行校正。

中和剂的浓度越低，pH值越易控制。因此，要按中和剂稀释槽或加药泵容量范围，尽量将中和剂加以稀释，然后再使用。使用消石灰时，由于反应需要一定时间，故中和池的容积要足够大。另外，当中和池的中和反应和pH值调整反应未结束时，也可以采用与反应终点pH值不同的数字进行控制。

消石灰是以悬浮液(石灰乳)状态使用的，但使用低品位的消石灰时，将有不溶解物沉淀在池中，会减少池的有效容积。因此，要经常检查，及时将沉渣清除。

中和还可以作为生物处理的预处理。因为在生物处理时，pH值往往有所改变，这样，在处理后就需要对pH值进行调整，宜直接在生物处理装置内加入中和剂。

在进行加氯氧化和铬酸还原时，要加入碱或酸，使pH值调整至最适合反应的程度，此时，设定的pH值虽然不为中性，但管理事项与装置相同。

当添加的酸、碱过剩时，pH值将超出中性范围，因此，必须利用pH计进行调整。不过也有一种在酸、碱添加过量时，处理液仍能停留在中性范围的中和剂。为简便起见，有时就直接使用此类中和剂。

课件

中和池运营与维护

评价

评一评

评价指标		评价主体		
一级指标	二级指标	学生自评	学生互评	教师评价
知识目标	了解中和池的概念			
	了解中和池的工作原理及分类			
	了解中和处理的目的			
能力目标	掌握中和池运营管理操作要点			
	掌握中和池设备管理操作要点			

总 结 反 思

任务 3.2　混凝池运营与维护

工单编号		姓名：	班级：
面向专业		学号：	学时：

教学目标

(1)了解混凝池运营与维护必备知识点；
(2)掌握混凝池运营与维护技术要点。

任务必备知识点

混凝池运营与维护知识要点

一、混凝的概念

混凝是将化学药剂投入污水中，经充分混合与反应，使污水中悬浮态(大于 100 nm)和胶态(1~100 nm)的细小颗粒凝聚或絮凝成大的可沉絮体的过程。

二、功能

混凝是一种复杂的物理化学现象，目前对其认识尚不统一。悬浮态和胶态的细小颗粒在水中以负电荷亲水胶体的状态存在，且外围包着一层由极性分子组成的水壳，极其稳定，因而不可能借自身重力沉淀下来。当混凝剂加入污水中并与污水充分混合后：一方面，混凝剂水解出一系列阳离子(Al^{+}或Fe^{3+}及其络合离子)可以中和胶体颗粒表面所带的负电荷；另一方面，由于这些离子有很强的水化能力(与H_2O结合成络合离子)，能夺走胶粒周围的水分子，破坏水壳。通过以上两方面的作用，胶粒将失去原来的稳定性，相互之间发生凝聚，形成较大的矾花(经絮凝之后形成的大颗粒可沉絮体俗称矾花)后经沉淀去除。

三、混凝的基本原理

(一)胶体的稳定性

水中细小的悬浮颗粒和胶体微粒质量很轻，在水中受水分子运动的碰撞而做无规则的布朗运动，同时胶体微粒本身带电，同类胶体微粒带同种电荷，彼此之间存在静电斥力，因此不能相互靠近结成较大颗粒下沉；另外，许多水分子被吸引在胶体微粒周围形成水膜，阻止胶体微粒与带相反电荷的离子中和，妨碍颗粒之间接触并凝聚下沉。因此，污水中的细小悬浮颗粒和胶体微粒不易沉降,总保持着分散和稳定的状态。

胶体分为憎水胶体和亲水胶体。

1. 憎水胶体

憎水胶体是吸附层中离子直接与胶核接触,水分子不直接接触胶核的胶体。

憎水胶体的稳定性主要由胶体颗粒间的斥力造成,这可以通过它的双电层结构来说明。

2. 亲水胶体

亲水胶体的功能是胶体微粒直接吸附水分子。

亲水胶体,使其保持稳定性的主要原因是胶体的水化作用。带电胶粒可吸引极性水分子形成一层水化膜,从而阻止了胶粒间的相互碰撞而保持其稳定性。水化膜是伴随着胶粒带电而产生的,如果胶粒的 ξ 电位消除或减弱,水化膜也会随之消失或减弱。

(二)混凝的原理

混凝法就是向水中加入混凝剂来破坏上述粒子的稳定性,首先使其互相接触而聚集在一起,然后形成絮状物并下沉分离的处理方法,前者称为凝聚,后者称为絮凝,一般将这两个过程统称为混凝。混凝是混合、反应、凝聚、絮凝等过程综合作用的结果,它是一个非常复杂的过程。

1. 压缩双电层理论

压缩双电层混凝过程就是加入电解质(混凝剂),形成与反离子同电荷离子,产生压缩双电层使电位降低,从而使胶体颗粒失去稳定性,产生凝聚。

压缩双电层作用:水中胶粒能维持稳定的分散悬浮状态,主要是由于胶粒的电位。如能消除或降低胶粒的电位,就有可能使微粒碰撞聚结,失去稳定性。在水中投加电解质(混凝剂)可达此目的。因为胶核表面的总电位不变,增加扩散层及吸附层中的正离子浓度,就能使扩散层减薄,当大量正离子涌入吸附层以致扩散层完全消失时,ξ 电位为零,称为等电状态。在等电状态下,胶粒间静电斥力消失,胶粒最易发生聚结。实际上,ξ 电位只要降至某一程度而使胶粒间排斥的能量小于胶粒布朗运动的动能时,胶粒就开始产生明显的聚结,这时的电位称为临界电位。胶粒因电位降低或消除而失去稳定性。

2. 吸附架桥机理(链状高分子聚合物)

投加的化学药剂是具有能吸附胶粒的链状高分子聚合物,或两个同号胶粒吸附在同一个异号胶粒上,胶粒间就能连接、团聚成絮凝体而被除去,这就是吸附架桥机理。

3. 网捕或卷扫机理

当用铁、铝盐等高价金属盐类作为混凝剂,而且其投加量和介质条件足以使它们迅速生成难溶性氢氧化物时,沉淀作用就能把胶粒或细微悬浮物作为晶核或吸附质而将其一起除去。

(三)混凝沉淀过程

混凝沉淀包括三个过程:凝聚(混合)、絮凝、沉淀。其过程原理如图 3.2.1 所示。

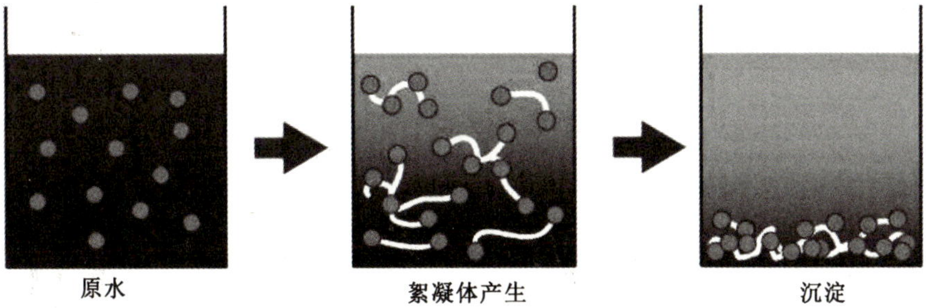

图 3.2.1　混凝沉淀过程原理

凝聚(混合)的目的是均匀而迅速地将药液扩散到污水中,它是絮凝的前提。当混凝剂与污水中的胶体及悬浮颗粒充分接触以后,会形成微小的矾花。混合时间很短,一般要求在 10~30 s 完成混合,最多不超过 2 min。要使之混合均匀,就必须提供足够的动力使污水产生剧烈的紊流。混合的方式很多,常见的有水力混合、管道混合、机械混合等。水力混合较简单,但不能适应流量的变化。管道混合最简单,但混合效果也最差。静态混合器混合效果较好,但水力损失很大。混合池混合和水泵混合两种方式均存在不可调节的缺点。实际使用较多的为机械混合,其中以桨板式混合为最多。桨板的转速一般是可调的,可以根据不同流量和不同水质而灵活调节。

将混凝剂加入污水中,在与污水充分混合后,污水中大部分处于稳定状态的胶体杂质将失去稳定性。脱稳的胶体颗粒通过一定的水力条件相互碰撞、相互凝结,逐渐形成能沉淀去除的矾花,这一过程称为絮凝或反应,相应的设备称为反应池或絮凝池。要保证絮凝的顺利进行,絮凝池需保证足够的絮凝时间以及足够的搅拌外力。絮凝池的种类有很多,隔板式絮凝池是最常见的形式。水流以一定流速在隔板或折板之间流动,从而完成絮凝过程。一般来说,为保证不破坏已经形成的矾花,其构造都使水的流速越来越低,起始流速最大,末端流速最小。

污水经混凝过程形成的矾花,要通过沉淀池沉淀去除。矾花沉淀类似于活性污泥在二沉淀池的沉淀。沉淀池常用的形式是平流沉淀池、斜管沉淀池和斜板沉淀池。平流沉淀池的水平流速一般控制在 5~15 mm/s,水力表面负荷一般在 1~1.5 $m^3/(m^2 \cdot h)$,水力停留时间一般在 1.5 h。如果这些矾花的浓度以 SS 表示,则沉淀池去除矾花的效率一般在 80%~90%。

任务实施

混凝池运营与维护技术要点

一、常用混凝剂

用于混凝的化学药剂称为混凝剂。混凝剂可分为无机类和有机类两大类。无机类主要包括硫酸铝、三氯化铁、硫酸亚铁和聚合硫酸铁等。有机类混凝剂主要指人工合成的高分子混凝剂,如聚丙烯酰胺(PAM)、聚乙烯胺等。污水的深度处理中一般都采用无机混凝剂,有机混凝剂常用于污泥的调质。在实际工作中,常常只将无机混凝剂称为混凝剂,而将有机混凝剂称为絮凝剂。

在采用混凝法处理污水前,首先要选择合适的混凝剂。选择混凝剂应考虑以下四个方面:①通过试验确定出本厂的混凝剂种类;②该种混凝剂操作使用是否方便;③该种混凝剂当地是否生产,质量是否可靠;④经济上是否合理。总的来说,选择要立足于当地产品。一般情况下,可选用硫酸铝。在北方地区,冬季温度较低,可考虑选用氯化铁和硫酸亚铁。在有条件的处理厂或二级水中碱度不足的处理厂,可考虑选用聚合氯化铝等无机高分子混凝剂。

表 3.2.1　常用混凝剂

无机	铝系	硫酸铝	适宜 pH 值:5.5~8
		明矾[$Al_2(SO_4)_3$-K_2SO_4-$24H_2O$]	
		聚合氯化铝(PAC)[$Al_2(OH)_nCl_{6-n}$]	
		聚合硫酸铝(PAS)	
	铁系	三氯化铁	适宜 pH 值:5~11,但腐蚀性强
		硫酸亚铁	
		硫酸铁(国内生产少)	
		聚合硫酸铁(PFS)[$Fe_2(OH)_n(SO_4)_{3-0.5N}$]$_m$	
		聚合氯化铁	
有机	人工合成	阳离子型:含氨基、亚氨基的聚合物	国外开始增多,国内尚少
		阴离子型:水解聚丙烯酰胺(HPAM)	
		非离子型:聚丙烯酰胺(PAM),聚氧化乙烯(PEO)	
		两性型	使用极少
	天然	淀粉、动物胶、树胶、甲壳素等	
		微生物絮凝剂	

与硫酸铝相比,三氯化铁具有以下特点:①适用的 pH 值范围较宽;②形成的絮凝体比铝盐絮凝体密实;③处理低温低浊水的效果优于硫酸铝;④但三氯化铁腐蚀性较强。

硫酸亚铁一般与氧化剂如氯气同时使用,以便将二价铁氧化成三价铁。

聚合氯化铝又称为碱式氯化铝或羟基氯化铝,性能优于硫酸铝。

助凝剂:凡能提高或改善混凝剂作用效果的化学药剂均可称为助凝剂。助凝剂可以参加混凝,也可不参加混凝。

二、混凝沉淀的分析测量与记录

(1)对于混凝沉淀系统的进水和出水,应进行以下项目的分析或测量:①温度:每天 1

次;②pH 值:每天 1 次;③色度:每班 1 次;④浊度:最好在线连续检测;⑤SS:每天至少 1 次;⑥COD、BOD5、TP:取混合样,每天 1 次。

(2)应定期进行絮凝池出水的沉降试验,观察并记录矾花的沉降情况。

(3)定期进行烧杯搅拌试验,检查是否为最佳投药量。

(4)定期核算并记录 G、T 及 G7 值。

三、混凝法的常见问题及处理方法

表 3.2.2　混凝法常见问题及处理方法

常见问题	原因	处理方法
絮凝池末端矾花颗粒状况良好,水的浊度低,但沉淀池中矾花颗粒细小,出水携带矾花	絮凝池末端积泥,堵塞了进水穿孔墙上的部分孔口,使孔口流速过大,打碎矾花,使之不易沉降	停池清泥
	沉淀池内有积泥,降低了有效池容,使沉淀池内流速过大	停池清泥
絮凝池末端矾花状况良好,水的浊度低,但沉淀池出水携带矾花	沉淀池超负荷	增加沉淀池投运数量,降低沉淀池的水力表面负荷
	沉淀池内存在短流	如果是由堰板不平整所致,则应调平堰板。如果是由温度变化所致,则应在沉淀池进水口采取有效的整流措施
絮凝池末端矾花颗粒细小,水体混浊,且沉淀池出水浊度升高	混凝剂投加量不足	增加投药量
	进水碱度不足	投加石灰,弥补碱度不足
	水温降低	改用氯化铁或无机高分子混凝剂,也可采用加助凝剂的方法
	混凝强度不足	加强运营的合理调度,尽量保证混合区内有充足的流速
絮凝池末端矾花大而松散,沉淀池出水异常清澈,但出水中携带大量矾花	混凝剂投加过量	降低投药量
絮凝池末端絮体碎小,水体浑浊,沉淀池出水浊度偏高	混凝剂投加大大超量	降低投药量

课件

混凝池运营与维护

评价

评一评

评价指标		评价主体		
一级指标	二级指标	学生自评	学生互评	教师评价
知识目标	了解混凝的概念和功能			
	了解混凝的基本原理			
	了解混凝沉淀过程			
能力目标	掌握常用混凝剂及其适用范围			
	掌握混凝沉淀的分析测量与记录			
	掌握混凝法的常见问题及处理方法			

总 结 反 思

任务3.3　化学沉淀池运营与维护

工单编号		姓名：	班级：
面向专业		学号：	学时：

教学目标

(1)了解化学沉淀池运营与维护必备知识点；
(2)掌握化学沉淀池运营与维护技术要点。

任务必备知识点

混凝池运营与维护知识要点

一、化学沉淀池的概念

化学沉淀池一般由反应池(快混池)、聚凝池(慢混池)、沉淀池组成。

(1)反应池(快混池),利用快速水流使污水与加入的药剂充分混合均匀,并发生化学反应,使污水中初步产生小颗粒矾花。

(2)聚凝池(慢混池),利用慢速水流使污水中矾花互相软碰撞,矾花因碰撞结合形成大颗粒矾花,大颗粒矾花沉降性能更好。

(3)沉淀池,利用矾花与水的相对密度差异,在中立作用下,使矾花与水分离,从而达到去除污水中污染物的目的。

二、化学沉淀法的基本原理

污水化学沉淀处理法是通过向污水中投加可溶性化学药剂,使之与其中呈离子状态的无机污染物起化学反应,生成不溶于或难溶于水的化合物沉淀析出,从而使污水净化的方法。投入污水中的化学药剂称为沉淀剂,常用的有石灰、硫化物和颈盐等。

根据沉淀剂的不同,可分为①氢氧化物沉淀法,即中和沉淀法,是从污水中除去重金属有效而经济的方法;②硫化物沉淀法,能更有效地处理含金属污水,特别是经氢氧化物沉淀法处理仍不能达到排放标准的含汞、含镉污水;③碳酸盐沉淀法,常用于电镀含铬污水的处理。

化学沉淀法是一种传统的水处理方法,广泛用于水质处理中的软化过程,也常用于工业废水处理,以去除重金属和氰化物。

（一）氢氧化物沉淀法

氢氧化物沉淀法是采用氢氧化物做沉淀剂，基于重金属离子在一定的 pH 值条件下，生成难溶于水的氢氧化物沉淀，使污水中的重金属离子得以去除的方法。氢氧化物的沉淀与 pH 值有很大关系。工业废水中的许多金属离子可以生成氢氧化物沉淀而得以去除。

（二）硫化物沉淀法

许多重金属离子可以与硫离子形成不溶性沉淀物，因此，将通过投加硫化物沉淀污水中金属离子的方法称为硫化物沉淀法。

由于大多数金属硫化物的溶度积一般要比其氢氧化物的溶度积小得多，因此采用硫化物沉淀法可以使重金属被更完全地去除。常用的沉淀剂有 H_2S、Na_2S、NaHS 等。

（三）碳酸盐沉淀法

金属离子的碳酸盐的溶度积很小，对于高浓度的重金属污水，可以采用投加碳酸盐的方法回收。此处碳酸盐沉淀比氢氧化钠沉淀易于脱水。

三、化学沉淀池的常见类型

（1）矩形沉淀池，其结构简单，易于维护和管理。该类型的沉淀池通常用于小型处理系统，如家庭污水处理、小型工厂的污水处理等。

（2）圆形沉淀池，其形状更符合水的自然流动规律，有利于流体的混合和沉淀。该类型的沉淀池通常用于大型处理系统，如城市污水处理厂等。

（3）斜板沉淀池，其在污水进入沉淀池后，通过倾斜板的作用，使污水的流速减缓，进而达到沉淀悬浮物的目的。该类型的沉淀池适用于高浓度、大颗粒物的污水处理。

（4）气浮沉淀池，其在污水中加入气体，产生气泡，气泡的浮力可以将污水中的悬浮物浮起，并通过表面去除。该类型的沉淀池适用于处理污水中含有大量悬浮物的工业污水。

除此之外，根据污水的性质和处理要求，还有多种其他类型的沉淀池，如深度沉淀池、旋流沉淀池、筛网沉淀池等。不同类型的沉淀池都有其各自的优缺点和适用范，主要根据实际情况进行选择和应用。

任务实施

混凝池运营与维护技术要点

一、化学沉淀池的运营管理原则

（1）检查刮泥机戒吸刮泥机等金属部件的防腐是否完好合格，以及其在污水情况下的运转状况。

（2）沉淀池进水后观察是否漏水区做好沉降观测风检查观测沉淀池是否存在不均匀沉淀区通过观察出水三角堰的出水情况也能发现沉淀池的沉降情况。

(3)检查刮泥机械吸刮泥机的带负荷运营情况。主要观察振动、噪声和驱动电机的运转情况是否正常风线速度、角速度等是否在设定范围内。

(4)试验和确定刮泥机戒吸刮泥机的刮、吸泥功能和刮渣功能是否正常。观察沉淀池表面的浮渣能否及时排出风观察排泥量在一定范围内变化时的吸、刮效果。

(5)分别测定进、出水的 SSQ 验证沉淀池在设计进水负荷下的作用是否符合设计要求,如二沉池的回流污泥浓度和初沉池的排泥浓度是否在合理范围内。

(6)检验与沉淀池有关的自控系统能否正常联动,如初次沉淀池的自动开停功能和二次沉淀池根据泥位计测得泥位的功能。

二、化学沉淀的运营与维护技术要点

采用化学沉淀法处理工业废水时,由于产生的沉淀物经常为不带电荷的胶体,因此沉淀过程将变得简单,一般采用普通平流沉淀池或竖流沉淀池即可。具体的停留时间由试验获得,一般情况下要比生活污水和有机污水处理中的沉淀时间要短。

当用于不同的处理目标时,所需的投药及反应装置也不相同。如有些药剂采用干式加入,而另一些处理中则可能先将药剂溶解并稀释到一定浓度,然后按比例投加。对于这两种方法,可参考采用相关的投药设备,另外还应注意设备的防腐问题。

课件

化学沉淀池运营与维护

评价

评一评

评价指标		评价主体		
一级指标	二级指标	学生自评	学生互评	教师评价
知识目标	了解化学沉淀池的概念			
	了解化学沉淀法的基本原理及常见类型			
能力目标	掌握化学沉淀池的运营管理原则			
	掌握化学沉淀的运营与维护技术要点			

总结反思

任务 3.4 氧化还原设施设备运营与维护

工单编号		姓名：	班级：
面向专业		学号：	学时：

教学目标

(1)了解氧化还原设施设备运营与维护必备知识点；

(2)掌握氧化还原设施设备运营与维护技术要点。

任务必备知识点

氧化还原设施设备运营与维护知识要点

一、氧化处理法的概念及作用

废水氧化处理法是利用强氧化剂氧化分解废水中污染物,以净化废水的方法。废水中溶解性的有机或无机污染物,在投加氧化剂或还原剂后,由于污染物与药剂的氧化还原反应,把废水中有毒害的污染物转化为无毒或微毒物质。氧化处理法几乎可处理一切工业废水,特别适用于处理废水中难以被生物降解的有机物, 如绝大部分农药和杀虫剂、酚、氰化物以及引起色度、臭味的物质等。

二、氧化剂的类型

采用的氧化剂包括下列几类：

(1)在接受电子后还原成负离子的中性分子,如 Cl_2；

(2)带正电荷的离子,接受电子后还原成负离子；

(3)带正电荷的离子,接受电子后还原成带较低正电荷的离子,如 Mn^{4+}变为 Mn^{2+}。

三、常用氧化剂

(一)空气氧化

空气氧化就是把空气鼓入污水中,利用空气中的氧来氧化污水中的污染物。

(二)湿式氧化

湿式氧化是在较高的温度和压力下,用空气中的氧来氧化污水中溶解和悬浮的有机物和还原性无机物的一种方法。因氧化过程在液相中进行，故称湿式氧化。与一般方法相比，湿式氧化具有适用范围广（包括对污染物种类和浓度的适应性）、处理效率高、二次污染低、氧化速度快、装置小、可回收能量和有用物料等优点。

（三）臭氧氧化

臭氧（O_3）是氧的同素异构体，在常温常压下是一种具有鱼腥味的淡紫色气体。沸点 -112.5 ℃；密度 2.144 kg/m^3，比氧重 1.5 倍。此外，臭氧还具有不稳定性、溶解性、毒性、氧化性、腐蚀性等。

（四）氯氧化

氯气是普遍使用的氧化剂，既用于给水消毒，又用于污水氧化。常用的含氯药剂有液氯、漂白粉、次氯酸、二氧化氯等。其原理如下：

$$Cl_2+H_2O \longrightarrow HOCl+HCl$$

（五）高锰酸盐氧化

高锰酸盐也是一种强氧化剂，能与水中的 Fe^{2+}、Mn^{2+}、S^{2-}、CN^-、酚及其他致臭致味有机物很好地反应，选择适当投量，它能杀死很多藻类和微生物。与臭 氧处理一样，出水无异味。其投加与监测均很方便。

（六）过氧化氢氧化

过氧化氢与催化剂 Fe^{2+} 构成的氧化体系通常称为 Fenton 试剂。在 Fe^{2+} 催化下，H_2O_2 能产生两种活泼的氢氧自由基，从而引发和传播自内基链反应，加快有机物和还原性无机物的氧化。

四、氧化反应的应用

（一）氯消毒

水和污水中都含有一定数量的微生物，有的对人体健康有害。消毒的目的是杀灭致病微生物，防止水致疾病的危害，但并不是彻底杀灭细菌。

氧化剂消毒至少包括两种途径：消毒剂通过细胞壁渗入细胞体，灭活细胞体内的酶蛋白直接氧化细胞质。

（二）废水氯氧化

氯氧化法广泛用于污水处理中，如医院污水处理，无机物与有机物氧化，污水脱色除臭杀藻等。

五、化学还原法

污水中的某些金属离子在高价态时毒性很大，可用化学还原法将其还原为低价态后分离除去。常用的还原剂有下列几类。

(1)某些电极电位较低的金属,如铁屑、锌粉等。反应后 $Fe \rightarrow Fe^{2+}$,$Zn \rightarrow Zn^{2+}$。

(2)某些带负电的离子,如 NaBFU 中的 B^{5+},反应后 $BH_4^+ \rightarrow BO_2^-$。

(3)某些带正电的离子,如 $FeSO_4$ 或 FeCl 中的 Fe^{2+},反应后 $Fe^{2+} \rightarrow Fe^{3+}$ 此外,利用废气中的 H_2S、SO_2 和废水中的割化物等进行还原处理,也是有效而且经济的。

任务实施

氧化还原设施设备运营维护技术要点

一、选择氧化剂时应考虑的因素

(1)对水中特定的杂质是否有良好的氧化作用。

(2)反应后的生成物应无害,不需二次处理。

(3)价廉、货广。

(4)常温下反应迅速,不需加热。

(5)反应时所需的 pH 值(不宜太高或太低)。

二、影响氧化还原反应的因素

影响氧化还原反应的因素有溶液的酸碱度、温度、反应物的浓度等。其中溶液的酸碱度尤为重要,因为它将决定溶液中各种离子的电离度和存在形态,因而决定氧化还原反应速率的快慢。如用高锰酸盐把氰化物氧化为氰酸盐时,在 pH 值约为 9 时有最高的氧化速度,而在酸性范围内($pH<6$)时,氰化物主要是以 HCN 的分子形态存在,氧化反应基本上停止。另外,H+和 OH 离子在氧化反应中也起着非常重要的作用。因此,在氧化反应中应重点控制溶液的酸碱度。酸碱度值的确定,应根据实际水样,进行反复测试,找到最佳值。

课件

氧化还原设备运营与维护

评价

评一评

评价指标		评价主体		
一级指标	二级指标	学生自评	学生互评	教师评价
知识目标	了解氧化处理法的概念及作用			
	了解氧化剂的类型及常用氧化剂			
能力目标	掌握选择氧化剂时应考虑的因素			
	掌握影响氧化还原反应的因素			

总 结 反 思

任务 3.5　消毒设施设备运营与维护

工单编号		姓名:	班级:
面向专业		学号:	学时:

教学目标

(1)了解消毒设施设备运营与维护必备知识点;

(2)掌握消毒设施设备运营与维护技术要点。

任务必备知识点

消毒设施设备运营与维护知识要点

一、消毒的定义及概念

污水消毒是生活污水和某些工业废水处理系统中杀灭有害的病原微生物的水处理过程。生活污水和某些工业废水中不但存在着大量细菌,还常含有病毒、阿米巴孢囊等。它们通过一般的污水处理过程还不能被灭绝。城市污水处理系统中普通生物滤池只能除去80%~90%,活性污泥法也只能除去90%~95%的大肠杆菌。为了防止疾病的传播,污水一般经机械、生化二级处理后,有时仍需要进行消毒处理。

(1)消毒:对有害微生物的杀灭过程。

(2)灭菌:杀灭或去除一切活的细菌或其他微生物以及它们的芽孢。

二、消毒的方法

(1)物理消毒方法:紫外线消毒、加热消毒、辐射消毒。

(2)化学消毒方法:氯化法消毒、臭氧消毒、二氧化氯消毒(只氧化、不氯化)。

(一)物理消毒方法

紫外线消毒是一种物理消毒方法,紫外线消毒并不是杀死微生物,而是去掉其繁殖能力进行灭活。紫外线消毒的原理主要是用紫外光摧毁微生物的遗传物质核酸(DNA或RNA),使其不能分裂复制。除此之外,紫外线还可破坏微生物其他结构。

如今紫外线污水消毒技术已被广泛应用于各类城市污水的消毒处理中,包括低质污水、常规二级生化处理后的污水、合流管道溢流污水和再生水的消毒。

(二)化学消毒方法

1. 液氯消毒

向水中加入液氯消毒时,能水解成次氯酸。氯的杀菌作用主要是次氯酸体积小,不荷电,易穿过细胞壁;同时,它又是一种强氧化剂,能损害细胞膜,使蛋白质、RNA 和 DNA 等物质释出,并影响多种酶系统(主要是磷酸葡萄糖脱氢酶的巯基被氧化破坏),从而使细菌死亡。氯对病毒的作用,在于对核酸的致死性损害。

使用液氯最大的优点是价格便宜、杀菌力强、工艺简单、技术成熟、药剂易得、投量准确、有后续消毒作用、不需要庞大的设备。液氯消毒在医院、工业、民用的灭菌消毒中都有广泛应用,并且有些已达到了自动化的程度。

2. 臭氧消毒

臭氧是氧的同素异形体,纯净的 O_3 常温常压下为蓝色气体。臭氧具有很强的氧化能力(仅次于氟),能氧化大部分有机物。臭氧灭菌过程属物理、化学和生物反应。

臭氧是一种强氧化剂,它具有高效无二次污染的优点,通常认为它的氧化能力比氯高 600~3 000 倍,且接触时间短,除能有效杀灭细菌外,还对各种病毒和芽孢等生命力强的生物也有很大的杀伤效果。臭氧已广泛用于水处理、空气净化、食品加工、医疗、医药、水产养殖等领域。

3. 二氧化氯消毒

二氧化氯在水中溶解度是氯的 5 倍,氧化能力约是氯的 2.5 倍,它是一种强氧化剂。二氧化氯溶于水后很安全,是国际上被公认的含氯消毒中唯一高效的消毒剂,二氧化氯的主要用途为自来水的消毒。

二氧化氯性质不稳定,只能采用二氧化氯发生器现场制备。

三、水消毒的意义和目的

传染病消毒是用物理或化学方法消灭停留在不同的传播媒介物上的病原体,以切断传播途径,阻止和控制传染的发生。

水消毒主要有以下目的。

(1)防止病原体播散到社会中,引起流行疾病的发生。

(2)防止患者再被其他病原体感染,出现并发症或发生交叉感染。

(3)保护医护人员,避免感染。

仅靠消毒措施还不足以达到以上目的。须同时进行必要的隔离措施和工作中的无菌操作,才能达到控制传染之效。

四、氯消毒的特点

(1)氯消毒主要指向水中投加氯而产生次氯酸、次氯酸钠、次氯酸钙等有效氯成分,以杀灭微生物。产生有效氯成分的药剂有氯气、漂白粉、次氯酸溶液等。

(2)目前大、中型污水处理厂出水消毒大多采用氯消毒,因为这种消毒方式来源广,运输相对容易(用液氯瓶专门运输),加氯系统工艺成熟、可靠、成本低。加氯后一般都设置接触池,使水中的余氯继续发挥杀菌作用,如果用管道供再生水,其杀菌、杀藻作用更重要。其不利因素是因污水处理后的出水中有机物较多,而氯与水中的有机物产生反应,消毒效果因受到干扰而降低。同时产生多种副产物,如卤代烃、氯仿、三氯甲烷、余氯联苯等,其中有多种对人、畜有害的物质,并产生致癌物质。

五、二氧化氯消毒的特点

(1)二氧化氯的分子式为 ClO_2,是一种随浓度升高颜色由黄绿色到橙色的气体,具有与氯气相似的刺激性气味。

(2) ClO_2 的有效氯为 Cl_2 的263%,是一种高效氧化剂,它的氧化能力是氯的3倍。

(3)水中的温度越高,ClO_2 的杀菌效力越大,这非常适合于工业循环再生水以及水温偏高领域的杀菌消毒。

(4) ClO_2 在很宽的pH值范围内保持很高的杀菌效率。

任务实施

消毒设施设备运营维护技术要点

一、加氯消毒技术要点

(1)氯瓶内压一般为0.6~0.8 MPa。不能在太阳下曝晒或接近热源,夏季运输应盖遮阳布,防止因汽化发生爆炸。液氯和干燥的氯气对金属没有腐蚀性,但会因通水或受潮使得腐蚀性能增强,所以氯瓶不能用尽用光,应保持0.05~0.1 MPa的空瓶气压。

(2)开启氯瓶前,要检查氯瓶放置的位置是否正确,应保证出口朝上,即放出的是氯气而不是液氯;开瓶时要缓慢开半圈,随后用10%氨水检查接口是否漏气,一切正常后逐渐打开,如果阀门难以开启,绝不能用锤子敲打,也不能用长柄扳手使劲板,以防将阀杆拧断。如果不能开启应将氯瓶退回生产厂家。尽可能避免发生氯瓶泄漏的危险。

(3)液氯变成氯气时要吸收热量,在气温较低时,液氯气化受到限制,因此冬季应对加氯间送暖保温。其室内温度宜保持在15 ℃~25 ℃。如果因气温太低影响气化,绝不能用火烤。需要加热气化时应用热水缓慢加热,不能快速升温或升温太高,一般用温水连续喷淋加热。

(4)要经常用10%的氨水检查加氯机、汇流排与氯瓶连接处是否漏气,若漏气则应尽快修复,修复前应做好安全防护措施。若氯气管有堵塞现象,严禁用水冲洗,应在切断气源后用钢丝疏通,再用压缩空气吹扫。

(5)污水处理厂污水处理出水加氯消毒,一般要求在出水中保持余氯,继续杀菌。一般以保持余氯的量控制加氯量,加氯量一般控制在10~15 mg/L;不需要保持余氯量时,其加氯量一般控制在5~10 mg/L。

二、加氯消毒系统安全操作技术措施

(1)加氯消毒系统有加氯机、液氯瓶、混合设备、接触池等部分。接触池的作用是使氯与水有较充足的接触时间,保证消毒作用的发挥,一般接触池停留时间是0.5 h以上。

(2)加氯间的值班室应与操作室严格分开,并在加氯间安装监测及报警装置,随时对氯的浓度跟踪监测。在设有漏氯自动回收装置的加氯间,加氯系统工作时,因氯瓶内装有氯气,自动漏氯吸收装置都应处在备用状态,一旦漏氯量达到设定值时,漏氯吸收装置将自动投入运营。维护人员要定期对漏氯吸收装置进行维护,对碱液进行定期化验,若碱液浓度不足,应随时补充。

(3)加氯间建筑要具备防火、保温性能,通风设施良好。由于氯气的相对密度大于空气的相对密度,当氯气泄露后,氯气沿地面扩散,然后向上挤压空气,所以加氯间要在比地面稍高一点的地方设置鼓风扇和排气扇。强制将新鲜空气鼓吹进加氯间地面,而排气扇将混合气体排出加氯间。设有自动漏氯回收装置的加氯间,当发生氯气泄露时,轻微的漏氯可开启风机换气排风,漏氯较大时自动漏氯回收装置启动,此时应关闭排风,以便氯气回收,同时防止大量氯气向大气扩散,污染环境。

(4)加氯间外侧要有检修工具、防毒面具、抢救器具。照明和风机的开关要设在加氯间外,并在加氯间与外侧间设置大玻璃观察窗,以便在加氯间有事故关闭门窗时可从外面观察到加氯间内部的情况,以采取抢救措施。通常,运营人员在进入加氯间前,先行通风,加氯间的压力水要保证不间断,保持压力稳定。如果加氯间未设置漏氯自动回收装置,则应设置碱液池、喷淋水幕,供发生泄氯时临时抢救。氯瓶发生严重泄露时,运营人员应戴好防毒面具(带空气呼吸器)及时将氯瓶推入碱液池,进行中和反应,减少泄露发生的损失。

(5)加氯间除配备必要的工具外,还应备有氧瓶安全帽,大小木塞等用于氯瓶堵漏时用,还应备有细铁丝用于管道清通。当加氯停止,长时间停置不用时,应将装满液氯的氯瓶退回厂家。

课件

消毒设施设备运营与维护

评价

评一评

评价指标		评价主体		
一级指标	二级指标	学生自评	学生互评	教师评价
知识目标	了解消毒的定义			
	了解消毒的方法			
	掌握水处理中加氯消毒的特点			
能力目标	掌握水处理中加氯消毒的操作技术要点			
	掌握水处理中加氯消毒的系统安全操作技术措施			

总结反思

项目 4　物理化学处理设施设备运营与维护

任务 4.1　吸附设施设备运营与维护

工单编号		姓名:	班级:
面向专业		学号:	学时:

教学目标

(1)了解吸附设施设备运营与维护必备知识点;
(2)掌握吸附设施设备运营与维护技术要点。

任务必备知识点

吸附设施设备运营与维护知识要点

一、吸附法原理

吸附法是利用多孔性固体吸附剂,使水中一种或多种物质被吸附在固体表面上,从而予以回收或去除的方法。吸附法主要用以脱除污水中的微量污染物,应用范围包括脱色、除臭味、脱除重金属、各种溶解性有机物、放射性元素等。在处理流程中,吸附法可作为离子交换、膜分离等方法的预处理,以去除有机物、胶体物及余氯等;也可以作为二级处理后的深度处理手段,以保证回用水的质量。吸附法的原理如图 4.1.1 所示。

图 4.1.1　吸附法原理

二、吸附方式和设备

（一）吸附方式

吸附分为静态吸附和动态吸附两种方式。

1. 静态吸附

静态吸附使用较少，主要用于小水量工业废水的一级处理。静态吸附是将一定数量的活性炭投入至一定数量的待处理污水中，进行搅拌，达到吸附平衡后，再用沉淀或过滤的方法使污水和活性炭分离。如果一次吸附后的出水水质不能达到要求，可以使用多次静态吸附。

2. 动态吸附

动态吸附是在污水连续流动的条件下进行的吸附操作，目前已有许多成功的技术和工艺，可以用于处理大规模的工业废水或生活污水。动态吸附法主要应用在污水处理系统和污水回用深度处理系统的最后一个环节，以保证出水最终达标排放或符合回用要求。

有时为了提高曝气池的处理能力，通过向曝气池内投加粉末活性炭来改善活性污泥的性能和增加曝气池的生物量，避免在二次沉淀池出现污泥膨胀现象。粉末活性炭的大量细孔吸附了微生物、有机物和水中的氧气，可以使难以生物降解的有机物也能被生物降解，这是吸附、微生物氧化分解的协同作用。这种处理方法效果好且比较稳定，能适应成分复杂且水质、水量多变的污水。

（二）活性炭吸附设备

水处理用活性炭吸附装置主要有固定床、移动床和流化床三种形式。

1. 固定床

固液两相吸附时，一般吸附速度较慢，采用固定床时一般要有较高的活性炭层。

2. 移动床

在移动床吸附塔内，已经吸附饱和的活性炭可间歇地从塔底部取出，每天 1～2 次或每星期1次。每次取出的饱和炭量为吸附塔内总炭量的5%~10%。所要处理的水自塔底向上流动，从塔顶部出水管排出。因此，可以充分利用活性炭的吸附容量。其特点是：移动床吸附塔的水头损失较小；无须反冲洗设备，因为水从塔底进入，水中夹带的悬浮物随着饱和炭的间歇去除而排走；塔内碳层不能上下混合，要自上而下地、有次序地移动；当卸出饱和炭后，需从塔顶加入等量新炭或再生炭。

3. 流化床

目前流化床的使用较少，由于流化床内活性炭粒径较小，在塔内上层的活性炭与从塔底进入的水充分搅动，使活性炭与水接触的表面积增大，因此可以用少量的活性炭处理较多的水，无须反冲洗，预处理要求低，可以连续运转。充填的活性炭粒度分布决定静止层及流化层高度，另外运营操作要求较高。

三、吸附的影响因素

（一）吸附剂的结构

吸附剂的种类不同，吸附效果也不一样。一般是极性分子（或离子）型的吸附剂容易吸附极性分子（或离子）型的吸附质，非极性分子型的吸附剂容易吸附非极性分子的吸附质。由于吸附作用是发生在吸附剂的内外表面上，所以吸附剂的比表面积越大，吸附能力就越强。另外，吸附剂的颗粒大小、孔隙构造和分布情况以及表面化学特性等，对吸附也有很大的影响。

（二）吸附质的物理化学性质

吸附质在污水中的溶解度对吸附有较大影响。一般来说，吸附质的溶解度越低，越容易被吸附。吸附质的浓度增加，吸附量也随之增加；但浓度增加到一定程度后，吸附量增加很慢。如果吸附质是有机物，其分子尺寸越小，吸附反应就进行得越快。

（三）废水的 pH 值

pH 值对吸附质在污水中的存在形态（分子、离子、络合物等）和溶解度均有影响，因而对吸附效果也就相应地有影响。污水 pH 值对吸附的影响还与吸附剂的性质有关。例如，活性炭一般在酸性溶液中比在碱性溶液中有更高的吸附率。

（四）溶液温度

吸附反应通常是放热的，因此温度越低对吸附越有利。但在污水处理中，一般温度变化不大，因而温度对吸附过程影响较小。在实践中，通常在常温下进行吸附操作。

（五）共存物的影响

当多种吸附质共存时，吸附剂对某一种吸附质的吸附能力要比只含这种吸附质时的吸附能力低。悬浮物会阻塞吸附剂的孔隙，油类物质会浓集于吸附剂的表面形成油膜，它们均对吸附有很大影响。因此，在吸附操作之前，必须将它们除去。

（六）接触时间

吸附质与吸附剂要有足够的接触时间，才能达到吸附平衡。吸附平衡所需时间取决于吸附速度,吸附速度越快,达到平衡所需时间越短。

四、吸附剂

目前在废水处理中应用的吸附剂有:活性炭、粉煤灰、活化煤、白土、硅藻土、活性氧化铝、焦炭、树脂、炉渣、木屑、腐殖酸等。

任务实施

吸附设施设备运营与维护技术要点

一、活性炭的吸附技术与操作要点

活性炭吸附装置除用于去除有机物外,还可用于重金属特别是汞的处理。在使用粉状活性炭时,处理水和粉状活性炭分离困难,通常情况下,要加入混凝剂,使其成为絮体而与水分离。粉状活性炭与废水混合的时间越长越好。

有时也可将粉状活性炭投入活性污泥法的曝气池中,此时,活性炭的吸附量与清水时的情况相同。污泥的沉降性和脱水时的过滤速度也可以改善。

粒状活性炭多采用固定床和流动床方式,当吸附能力达到饱和时要进行再生。

采用固定床吸附时,装置的结构与砂滤相同,只是滤料为活性炭。活性炭一次填充后,要连续通水数月,以达到通水中的悬浮物尽可能少一些。此时,往往在装置的前段设置砂滤装置,以减少悬浮物。

在活性炭过滤时,由于长时间通水,滤池内部呈厌氧状态,厌氧菌大量繁殖。通入活性炭装置的水,有机物浓度一般较低,故无气体发生,但由于硫酸离子还原的结果,往往产生含有硫化氢的臭气。硫化氢能使水的浊度以及有机物增加。为防止硫化氢的产生,通水前要对水进行充分曝气,增加水中的溶解氧量,使活性炭保持好氧状态。另外,为防止活性炭层阻塞,有时采用上向流通水方式。此时,通水速度宜控制在不致使活性炭层上下混合的程度。

有机物或重金属的吸附量达到饱和状态时,要对活性炭进行更换。活性炭过滤通常采用多塔(二塔以上)连续通水方式,若最终出水的水质超过规定,就要更换第一塔的活性炭,并改该塔为最终塔,原来的第二塔则改为第一塔通水。

流动式多段吸附塔在出现上述情况时,则是从最下段取出废炭,从最上段加入新炭。新炭的加入量可根据出水水质分析结果算出。

另外,在活性炭吸附塔内作业时,要注意缺氧,防止事故发生。特别是换上新炭后,新炭能迅速吸氧,因此,作业时要充分换气,并且要有数名人员在场。

二、吸附剂再生方法的操作要点

吸附剂在达到饱和吸附后,必须进行脱附再生,才能重复使用。目前吸附剂的再生方法有加热再生、药剂再生、化学氧化再生、湿式氧化再生、生物再生等。重要方法的分类见表4.1.1。在选择再生方法时,主要考虑三方面的因素:①吸附质的理化性质;②吸附机理;③吸附质的回收价值。

表4.1.1　吸附剂再生方法分类

种类		处理温度	主要条件
加热再生	加热脱附	100 ℃~200 ℃	水蒸气、惰性气体水蒸气、燃烧气体、CO_2
	高温加热再生	750 ℃~950 ℃	
	(炭化再生)	(400 ℃~500 ℃)	
药剂再生	无机药剂	常温~80 ℃	HCl、H_2SO_4、NaOH、氧化剂、有机溶剂(苯、丙酮、甲醇等)
	有机药剂(萃取)	常温~80 ℃	
生物再生		常温	好气菌、厌气菌
湿式氧化分解		180 ℃~220 ℃、加压常温	O_2、空气、氧化剂
电解氧化			O_2

课件

吸附设施设备运营与维护

评价

评一评

评价指标		评价主体		
一级指标	二级指标	学生自评	学生互评	教师评价
知识目标	了解吸附法原理			
	了解常见吸附方式和设备			
	了解吸附的影响因素			
	了解常见吸附剂			
能力目标	掌握活性炭的吸附技术操作要点			
	掌握吸附剂的再生方法的操作要点			

总结反思

任务 4.2　离子交换设施设备运营与维护

工单编号		姓名：	班级：
面向专业		学号：	学时：

教学目标

(1)了解离子交换设施设备运营与维护必备知识点；
(2)掌握离子交换设施设备运营与维护技术要点。

任务必备知识点

离子交换设施设备运营与维护知识要点

一、离子交换的基本原理

(一)离子交换法

离子交换法是用离子交换剂上的离子和水中离子进行交换而除去水中有害离子的方法。在水处理中,此方法主要用于去除水中溶解性离子物质。离子交换剂是不溶于水的固体颗粒状物质,它能够从电解质溶液中吸附某种阳离子或阴离子,而把本身所含有的另一种相同电荷的离子等量地释放到溶液中去。离子交换的实质是离子交换剂的可交换离子与水中其他同性离子的交换反应,是一种特殊的吸附过程,通常是可逆性化学吸附。

(二)离子交换剂

离子交换剂的种类很多,在水处理中主要有磺化煤和离子交换树脂。磺化煤是煤磨碎后经浓硫酸处理而得到的碳质离子交换剂,其性能不如离子交换树脂。

离子交换树脂是人工合成制得的,它主要由母体(也称骨架)和交换基团两部分组成。由于离子交换树脂的应用范围远比磺化煤广,故本任务主要介绍离子交换树脂。

(三)离子交换树脂的种类和主要性能

离子交换树脂种类很多,有凝胶型、大孔型等。凝胶型树脂制造简单,树脂孔隙小,其中阳树脂、阴树脂按照活性基团离解程度的不同,又分为强酸性和弱酸性树脂、强碱性和弱碱性树脂。离子交换树脂除具有一定密度、含水率、溶胀性、耐热性、机械强度和酸碱性之外,主要还有对水中某些离子的优先交换性能,即离子交换的选择性。它与水中离子种类、树脂交换基团性能有关,也受水中离子浓度和温度的影响。

(四)离子交换树脂的有效 pH 值

离子交换树脂的有效 pH 值见表 4.2.1。

表 4.2.1 离子交换树脂的有效 pH 值

离子交换树脂				
树脂类型	强酸性	弱酸性	强碱性	弱碱性
有效 pH 范围	1~14	5~14	1~12	0~7

二、离子交换的常用设备

一个完整的离子交换系统由预处理、离子交换、树脂再生和电控仪表等单元组成,其中离子交换单元是系统的核心,通常所说的离子交换法的常用设备和装置其实是离子交换单元的形式。根据离子交换柱的构造、用途和运营方式,离子交换单元装置可分为固定床式离子交换体系和连续式离子交换体系两大类。

固定床式离子交换体系是指树脂的交换和再生过程在同一设备内,在不同的时间内进行,即树脂再生时,离子交换程序就要停止运营。固定床依据不同使用要求和水力流向,可分为以下内容:

(1)只装填一种树脂的单床或多床式;

(2)将装填阳树脂的离子交换柱和装填阴树脂的离子交换柱串联在一起的复合床式;

(3)依靠水流的作用力将树脂托浮起来运营的浮动床式;

(4)逆流再生固定床,是依据一定配比装填强、弱两种树脂的双层床式。

连续式离子交换体系是指把交换和再生过程在不同设备内同时进行,即交换过程可以连续进行。连续式离子交换体系可分为流动床和移动床。流动床内的树脂在装置内循环流动,失效树脂在流动过程中经再生清洗后恢复交换能力。移动床则是装置内的树脂呈周期性移动,失效树脂在移动过程中经再生清洗后恢复交换能力,再定期定量补充到交换柱顶端。

三、离子交换树脂的再生

再生是指将一定浓度的化学药剂溶液,通过"失效"的离子交换树脂,利用药剂溶液中的可交换离子,将树脂上吸附的离子交换下来,使树脂重新具有交换水中离子的能力。

再生时使用的药剂称为再生剂。根据离子交换树脂的性能不同而有区分地选择再生剂。通常用于阳离子交换树脂的再生剂有:硫酸、盐酸、NH_3 等;用于阴离子交换树脂的再生剂有:氢氧化钠、碳酸氢钠、碳酸,也可用 NH_3 等。具体来说,强酸性阳树脂可用盐酸或硫酸等强酸,不宜采用硝酸,因其具有氧化性;弱酸性阳树脂可以用盐酸、硫酸或者 NH_3;强碱性阴树脂可用氢氧化钠等强碱;弱碱性阴树脂可以用氢氧化钠或碳酸钠、碳酸氢钠等,也可用 NH_3。其中 NH_3 虽再生率低,但因价格低廉而常被采用。

此外，再生剂的选择，还应根据水处理工艺、再生效果、经济性及再生剂的供应综合考虑。例如，盐酸与硫酸相比，盐酸的再生效果好。据测定，同样用4倍理论用量的再生剂、同样的再生流速，与硫酸相比，用盐酸可以提高离子交换树脂的交换率42%~50%。

任务实施

离子交换设施设备运营与维护技术要点

一、离子交换设施设备运营管理与维护操作要点

由于工业废水水质复杂，在废水处理要求方面，不只是去除某些离子，有些情况下，要求对废水中有回收价值的物质予以回收利用。因此，在使用离子交换处理时，在操作管理与维护方面应注意下列事项。

(1)当废水中存在悬浮物与油类等物质时，会堵塞树脂孔隙，降低树脂交换能力，应在废水进入交换柱之前进行预处理。例如，采用砂滤等措施，将悬浮物与油类等物质预先除去。

(2)当废水中溶解盐含量过高时，会大大缩短树脂工作周期。当溶解盐含量为1 000~2 000 mg/L时，不宜采用离子交换法处理。

(3)工业废水常呈酸性或碱性，这对离子交换有以下两方面的影响。

①影响某些离子在废水中的存在状态(或形成络合离子或胶体)。例如，含铬废水当pH值很高时，六价铬主要以铬酸根形态存在，而在pH值低的条件下，则以重铬酸根形态存在。因此，用阴树脂去除六价铬时，在酸性废水中比在碱性废水中的去除效率高。

②影响树脂交换基团离解，如强酸、强碱性树脂交换基团的离解不受pH值的限制，它们可以应用在各种pH值的废水处理中；而弱酸、弱碱树脂的交换基团的离解与pH值关系很大，弱酸性阳树脂只有在pH>4时才显示其交换能力，且pH值越大，交换能力越强。同样，弱碱性阴树脂只有在pH值较低条件下，才能得到较好的交换效果。因此，针对具体的处理情况，应采取适当措施。例如，选择适宜树脂、调整废水pH值、选择处理流程等。

二、离子交换设施设备运营影响因素

(1)温度的影响。工业废水的温度一般都较高，这虽可提高离子扩散速度，加速离子交换反应速度，但温度过高就可能引起树脂的分解，从而降低或破坏树脂的交换能力。因此，水温不得超过树脂耐热性能的标准。各种类型树脂的耐热性能或极限允许温度是不同的，可查阅有关资料或产品说明书。若水温度过高，应在进入交换树脂柱之前采取降温措施，或者选用耐高(或较高)温的树脂。

(2)高价离子的影响。高价金属离子与树脂交换基团的固定离子的结合力强，可优先交换，但再生洗脱比较困难。

(3)氧化剂和高分子有机物的影响。废水中含有较多氧化剂，会造成树脂被氧化。若含高分子有机物，则会引起树脂有机污染。上述情况可导致树脂的使用寿命缩短及交换容量降低。

课件

离子交换设施设备

评价

评一评

评价指标		评价主体		
一级指标	二级指标	学生自评	学生互评	教师评价
知识目标	了解离子交换的基本原理			
	了解离子交换的常用设备			
能力目标	掌握离子交换设施设备运营管理与维护操作要点			
	掌握离子交换设施设备运营影响因素			

总结反思

任务 4.3　膜分离设施设备运营与维护

工单编号		姓名：	班级：
面向专业		学号：	学时：

教学目标

(1)了解膜分离设施设备运营与维护必备知识点；

(2)掌握膜分离设施设备运营与维护技术要点。

任务必备知识点

膜分离设施设备运营与维护知识要点

一、膜分离的定义

膜分离是通过膜对混合物中各组分的选择渗透作用的差异，以外界能量或化学位差为推动力对双组分或多组分混合液体进行分离、分级、提纯和富集的方法。膜分离技术作为新的分离净化和浓缩方法，与传统分离操作(如蒸发、萃取、沉淀、混凝、离子交换等)相比较，过程中大多无相变化，可以在常温下操作，具有能耗低、效率高、工艺简单、投资小和污染轻等优点。膜分离技术在污水处理中应用的方法主要有：微滤、超滤、电渗析、渗析、纳滤、反渗透、渗透蒸发和液膜等。

二、膜分离技术中膜的主要材料及优缺点

(1)反渗透膜应用的膜材料有：醋酸纤维素(CA)和聚酰胺(PA)。

(2)纳滤常用的材料有：芳香聚酰胺、聚呱嗪酰胺、磺化聚醍矾和聚乙烯醇等。

(3)常用的超滤膜与微滤膜制膜材料有：聚丙烯(PP)、CA、PA 和聚砜(PS)，也可用聚偏氟乙烯(PVDF)、聚醍砜(PES)、聚四氟乙烯(PTFE)等。

无机超滤膜和微滤膜主要有陶瓷材料(氧化铝、二氧化钛、碳化硅和氧化锆)，还可用玻璃、铝、不锈钢和增强的碳纤维作为膜材料，所有这些材料都具有比有机聚合物更好的化学稳定性、耐酸碱、耐高温、抗微生物能力强及机械强度大等优点。各种膜材料的优缺点见表 4.3.1.

表 4.3.1　各种膜材料的优缺点

聚合物	优点	缺点
TiO_2/ZrO_2	热稳定性、化学稳定性、机械稳定性好,寿命长,水透过量大,以控制孔径大小、尺寸分布	价格昂贵、仅限于 MF 和 UF,材料较脆,需要特殊构型和组装体系
醋酸纤维	价格低,抗氯,溶剂浇注	热稳定性、化学稳定性、机械稳定性差
聚砜	广泛的消毒性,抗 pH,溶剂浇注	对碳氢化合物的截流较差
聚丙烯	抗化学腐蚀性强	未经表面处理具有疏水性
聚四氟乙烯	具有良好的疏水性,抗有机污染。良好的化学稳定性,具有灭菌性	疏水性强,价格昂贵
聚酰胺	良好的化学稳定性和热稳定性	对氯化物较敏感

三、膜分离技术的特点

膜技术作为分离、萃取、浓缩、净化技术,具有以下特点。

(1)膜分离技术在分离和浓缩过程中,不发生变化,是一个纯物理性的单元操作,不消耗相变能,耗能较少。

(2)在膜分离过程中,不需要从外界加入其他物质,可以节省原材料和化学药剂。

(3)在膜分离过程中,分离和浓缩同时进行,可以很方便地回收有价值的物质。

(4)根据膜的选择透过性和膜孔径的大小的不同,可以将不同粒径或者不同分子量的物质有选择地分开,使物质得到了纯化而又不改变它们的原有属性。

(5)膜分离技术是以组件的形式构成的,可以适应不同生产能力的需要,而且会使水厂用地大大减少;膜分离是一种相对简单的分离技术,操作维护方便,易于实现自动化控制,使水厂成为真正意义上的"造水工厂"。

(6)膜分离技术不损坏对热敏感或对热不稳定的物质,可以在常温下实现从有机物到无机物、从细菌到微粒广泛体系的分离,而且还可以实现许多特殊体系如共沸物或近沸点体系的分离。

(7)膜分离技术是一种纯物理处理单元操作,其处理效果受原水水质及工艺操作条件的影响较小,处理效果稳定可靠。

任务实施

膜分离设施设备运营与维护技术要点

一、选择合适的膜

膜分离设施设备运营时要选择既能有效保留干扰物质又能使分析物快速通过的膜。

如用膜渗析清除生物样品中的蛋白质时，一般选用 MWCO 值为 10~15 kDa 的膜。

二、定期清理膜

(1)必须对膜进行定期清洗，除去膜表面及膜孔内的污染物，恢复膜的透过性。

(2)膜的清洗一般选用水、盐溶液、稀酸、稀碱、表面活性剂、络合剂、氧化剂和酶溶液等为清洗剂。具体用何种清洗剂应根据膜的性质和污染物的性质而决定。

如对于蛋白质的严重清洗所引起的膜污染，用蛋白酶(如胃蛋白酶、胰蛋白酶等)溶液清洗。使用的清剂要具有良好的去污能力，同时又不能损害膜的过滤性能。

三、微滤运营与管理

微滤工艺在操作过程中有要有以下注意事项。

(一)滤膜的支持和滤器的密封

微滤操作过程中应保持环境清洁，滤膜前后用特别支持固定密封，防止高压差下短路和泄漏，要避免负压时因外界空气进入引起污染。

(二)过滤系统严密性的检查

过滤系统严密性的检查是保证过滤质量的关键操作，可用气泡点法进行检查。

(三)滤膜的润湿

微孔滤膜的润湿性能与使用效果有关，未完全湿润的滤膜会影响有效过滤面积及检测试验的准确性。用水可除去膜中甘油及表面活性剂，不易润湿的膜可用温水，也可将膜铺于水面，使膜中空气向上排出。

(四)过滤速度

微孔滤膜过滤纯净溶液速度较快，但它属于筛网型滤膜，膜孔易被直径与孔径大小相近的颗粒阻塞。除过滤极少量溶液外，一般需经预滤或其他预处理先将样液用深层超细玻璃纤维滤膜预滤。

(五)过滤系统的清洗和消毒

为防止滤液的再污染，过滤系统必须认真清洗，凡是与滤液接触之处及设备接口处均应拆除清洗。不锈钢滤器受腐蚀的粗糙表面、螺纹、沟槽等都是富藏杂质及细菌的部位，应仔细洗刷。

四、膜的化学清洗方法

膜的化学清洗方法一般有碱清洗、酸清洗、表面活性剂清洗、络合剂清洗、聚电解质清洗、消毒剂清洗、有机溶剂清洗、复合型药剂清洗和酶清洗等。

课件

膜分离设施设备运营与维护

评价

评一评

评价指标		评价主体		
一级指标	二级指标	学生自评	学生互评	教师评价
知识目标	了解膜分离的定义			
	了解膜分离技术中膜的主要材料及优缺点			
	了解膜分离技术的特点			
能力目标	掌握选择合适的膜要素			
	掌握膜的清理技术要点			
	掌握微滤运营与管理			
	掌握膜的化学清洗方法			

总 结 反 思

项目5　好氧生物处理设施设备运营与维护

任务5.1　活性污泥系统设施设备运营与维护

工单编号		姓名：	班级：
面向专业		学号：	学时：

教学目标

（1）了解活性污泥系统设施设备运营与维护必备知识点；

（2）掌握活性污泥系统设施设备运营与维护技术要点。

任务必备知识点

活性污泥系统设施设备运营与维护知识要点

活性污泥法是污水处理工程中最常见的一种生物处理法，它能从污水中去除溶解的和形成胶体的可生物降解有机物和被活性污泥吸附的悬浮固体及其他一些物质，既适用于大流量的污水处理，也适用于小流量的污水处理，在城市污水处理中获得了最广泛的应用。

一、活性污泥的基本概念

（一）活性污泥的性质和组成

由于活性污泥不是一般的污泥，而是栖息着具有生命活力的微生物群体的絮状污泥，故称为活性污泥。

（1）外形黄、褐色（因废水水质的不同而不同），絮状泥粒（像矾花）。

（2）组成镜检，有大量微生物存在。

①有机物。

a. 生物（菌胶团）。细菌、放线菌、真菌、衣原体、支原体、藻类、原生动物、后生动物等类群，其中和污水处理关系密切的是细菌、藻类、原生动物和后生动物。

b. 有机悬浮物颗粒。

②无机物：无机盐等。其组成比例随反应器的入流废水不同而异，如生活污水的活性污泥中的有机成分约占70%，无机成分为30%。

(3)性质含水率：一般为98%~99.5%。含水率高，沉淀性能差。

(二)活性污泥的增长规律

纯种微生物的生长繁殖规律已经有大量的研究，通常以生长曲线反映这一规律。相类似地，也可用生长曲线反映活性污泥生长繁殖的一般规律。

(1)营养丰富→对数增长阶段。

(2)有机物基本被去除→减速增长阶段(静止期)：活性大，沉降性能好。

(3)内源呼吸阶段(衰亡期)：质地紧密，无机物高，沉降性能好。

活性污泥一般要求：

(1)活性大，吸附能力强；

(2)沉降性能好，所以采用减速增长阶段的污泥。

(三)活性污泥对污水净化作用

活性污泥法净化污水包括下述三个主要过程。

1. 吸附

活性污泥为絮状体，表面积巨大且含有多糖类黏性物质的微生物，所以污水中的污染物首先被活性污泥吸附，其过程是物理吸附和生物吸附的综合作用。

2. 微生物的代谢

微生物的代谢过程如前文所述，吸收进入细胞体内的污染物通过微生物的代谢反应而被降解，一部分经过一系列中间状态氧化为最终产物 CO_2 和 H_2O 等，另一部分则转化为新的有机体，使细胞增殖。主要分为两个阶段。

第一阶段：有机物吸附在污泥表面。

第二阶段：由于微生物表面有外酶作用，使蛋白质→氨基酸；糖类→单糖，这些小分子物质由菌胶团上又重新溶于水中，所以水中有机物量又有所升高。

所以，有两种方式净化水：①有机物被吸附后直接出水；②有机物被真正降解后出水。

3. 凝聚和沉淀

絮凝体是活性污泥的基本结构，它能够防止微型动物对游离细菌的吞噬，并承受曝气等外界不利因素的影响，更有利于与处理水分离。水中有很多细菌具有凝聚性能，可形成大块的菌胶团。

沉淀是混合液中固相活性污泥颗粒同污水分离的过程。固液分离的好坏，直接影响出水水质。所以，活性污泥法的处理效率，同其他生物处理方法一样，应包括二次沉淀池的效率，即用曝气池及二次沉淀池的总效率表示。

(四)活性污泥的性能指标及相关参数

活性污泥法处理的关键在于具有足够数量和性能良好的活性污泥。活性污泥通常用污泥浓度表示，活性污泥的性质主要表现在絮凝性和沉淀性上。絮凝性好的活性污泥具有较大的吸附表面，废水的处理效率较高；沉淀性能好的污泥能很好地进行固液分离，二次沉淀池出水携带的污泥量少，回流的污泥浓度较高。

实践证明，絮凝性好的污泥，沉淀性不一定良好。如处于膨胀阶段的活性污泥，由于絮凝体内含水能力特别强，与水的密度差小，因此难以沉淀和压缩。但是，通常可以说，沉淀性好的污泥，絮凝性也一定好，因为只有絮凝性良好，才能将分散的微生物和细小有机颗粒凝聚成大颗粒，加快沉淀速度。

衡量活性污泥数量和性能的指标主要有以下几项。

1. 污泥浓度

（1）混合液悬浮固体浓度

混合液悬浮固体浓度（Mixed liquid suspended solids，MLSS）指 1 L 混合液中所含的悬浮固体的质量，单位为 g/L 或 mg/L。一般在活性污泥曝气池内：MLSS = 2～6 g/L，多为 3～4 g/L。

MLSS 测定方法比较简便易行，此项指标应用较为普遍，但不能精确地表示具有活性的活性污泥数，而表示的是活性污泥的相对值。

MLSS 是活性污泥处理系统重要的设计及运营参数。

（2）混合液挥发性悬浮固体浓度

混合液挥发性悬浮固体浓度（Mixed liqurd volatile suspened solirds，MLVSS）指 1 L 混合液中所含的挥发性悬浮固体的质量，单位为 g/L 或 mg/L。

用 MLSS 表示微生物量是不准确的，因为它包括了活性污泥吸附的无机惰性物质，这部分物质没有生物活性。MLVSS 在精确度方面比 MLSS 更进了一步，但仍不能精确地表示活性污泥微生物量，表示的仍然是活性污泥量的相对值。

2. 污泥沉降比

污泥沉降比（Sludge settling velocity，SV）指一定量的曝气池混合液静置 30 min 后，沉淀污泥与原混合液体积比（用百分数表示），即

污泥沉降比（SV）=（混合液经 30 min 静置沉淀后的污泥体积）/（混合液体积）×100%

活性污泥混合液经 30 min 沉淀后，沉淀污泥可接近最大密度，因此，以 30 min 作为测定污泥沉淀性能的依据。

通常，曝气池混合液的 SV 正常范围为 15%～30%。

3. 污泥容积指数

污泥容积指数（Sludge volume index，SVI）曝气池混合液经 30 min 沉淀后，1 g 干污泥形成的湿泥的毫升数，单位为 mL/g。在一定的污泥量下，SVI 反映了活性污泥的凝聚沉淀性。通常，当 SVI<100 时，沉淀性能良好；当 SVI = 100～200 时，沉淀性一般；而当 SVI>200 时，沉淀性较差，污泥易于膨胀。

一般 SVI 常控制在 50～150 为宜，但根据废水性质不同，这个指标也有差异。

4. 回流污泥浓度

曝气池内混合液中的污泥基本来自回流污泥。故曝气池中 MLSS 必然同回流污泥量和浓度有关。

回流比 r：回流水量和进水流量之比。

5. 泥龄

泥龄是指微生物(污泥)在曝气池中的平均停留时间,也就是曝气池中活性污泥平均更新一遍所需的时间。它是活性污泥法系统设计和运营中最重要的参数之一。选择一定的有机负荷率和一定的 MLSS 浓度,就相应决定了污泥的平均停留时间。

污泥平均停留时间至少等于水力停留时间,经验表明,通常活性污泥法系统的污泥平均停留时间约为水力停留时间的 20 倍。

(五)活性污泥性能的影响因素

1. 有机物浓度

2. 溶解氧(Dissolved oxygen,DO)

活性污泥法是一种利用好氧微生物的生物处理工艺,DO 浓度与活性污泥的工作状况关系密切。

3. 营养物质(配比)

微生物的营养物质由其细胞体的化学成分构成决定,通常以 C、N、P 三种营养源作为活性污泥微生物所需营养物质的主体构成,三者的投配应满足:C∶N∶P=100∶5∶1。

4. 温度

化学反应:温度每升高 10 ℃,反应速度提高 2~4 倍(活性污泥增加速度)。

活性污泥法的运营经验表明,曝气池系统水温的适宜范围在 20 ℃~30 ℃,若水温>35 ℃或<10 ℃时,处理效果就会下降。因此,对高温工业废水的生物处理往往需要加以降温;而在寒冷地区,需采取保温措施。

5. pH 值

曝气池内混合液的 pH 值是影响活性污泥微生物重要因素。一般 pH=6.5~7.5,活性污泥的生长繁殖情况最好。

当 pH<6.5 时,霉菌大量繁殖(霉菌不像细菌那样分泌黏性物质),破坏活性污泥的结构,造成污泥膨胀;当 pH 值过高,达到 9 时,代谢缓慢,原生动物将由比较活跃转为呆滞,菌胶团黏性物质解体,活性污泥结构也遭到破坏。

6. 有毒物质

有毒物质对污泥微生物的主要影响是破坏细菌细胞的构造物质和酶系统,使细菌由于失去活性而不能正常生长繁殖,甚至直接被毒伤、毒死。

有毒物质包括许多重金属(砷、铅、镉、铬、铜、锌等),此外还有酚、氰、醛、硝基化合物等有机型毒物。

二、活性污泥法的基本知识

活性污泥法是采用人工曝气的手段,使栖息有大量微生物群的絮状泥粒(即活性污泥)均匀分散并悬浮于反应器(即曝气池)中,与污水充分接触;在有溶解氧的条件下,微生物利用污水中的有机物,进行同化合成和异化分解的代谢活动。

在此过程中,有机物质得到降解、去除,同时不断合成新的微生物,表现为活性污泥量的不断增长。因此,为保持构造主体——微生物(活性污泥)量的平衡,系统正常运营时需定期从反应器中排除增殖部分的污泥。

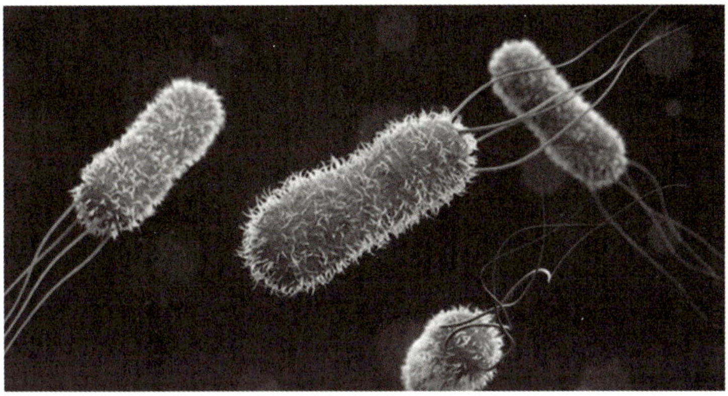

图 5.1.1　活性污泥法

(一)活性污泥法的基本工艺流程

活性污泥法由曝气池、沉淀池、污泥回流和剩余污泥排除系统组成,其基本流程如图 5.1.2 所示,该流程也称为传统(或典型)活性污泥法工艺流程。

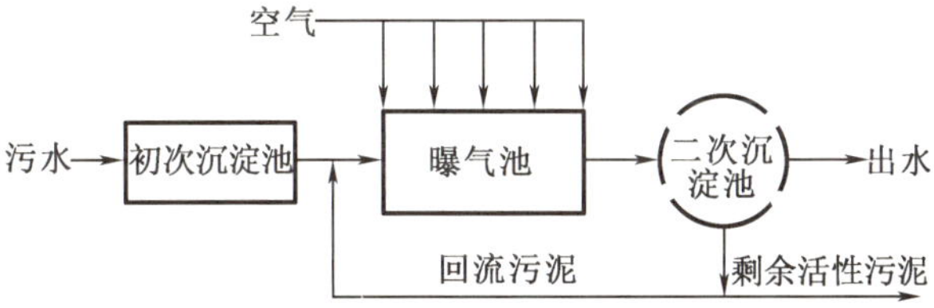

图 5.1.2　活性污泥法的基本工艺流程

设在工艺系统的首端,用于去除原污水中所含悬浮物(原生悬浮物)的沉淀池为初次沉淀池,简称初沉池;与初沉池相对应,设在系统的末端,用于分离、浓缩由曝气池出水所携带的活性污泥(次生悬浮物)的沉淀池称为二次沉淀池,简称二沉池。

二沉池分离的污泥有两个去向:①重新返回工艺系统,用以保持曝气池中所需的微生物量的那部分污泥,称为回流污泥;②另一部分从处理系统中排出的污泥,称为剩余污泥。剩余污泥的实质是曝气池的生化处理过程中,生化反应引起了微生物的增殖,增殖的微生物量即以剩余污泥的形式从沉淀池中排除,以维持活性污泥系统的稳定运营。剩余污泥在另设的污泥处置系统中予以进一步的消化处理。

在曝气池中,回流污泥微生物和污水中的有机物经历相互混合、接触、吸附、氧化分解、吸收等一系列生物化学转化过程,使可生化降解的有机物质被微生物所利用,污水的 BOD 得以降低。

活性污泥系统是以曝气池和二沉池为主体组成的整体,完整的活性污泥系统还包括实现回流、曝气、污泥处置功能所需的辅助设施。

回流污泥通过二沉池的污泥源源不断回流到曝气池，使曝气池内保持一定的以悬浮固体浓度为表征的微生物浓度。

曝气过程即为活性污泥微生物提供呼吸所需的氧，同时也使活性污泥与污水不断混合，搅拌以防止活性污泥在曝气池中沉淀。

活性污泥法基本工艺流程的实质是天然水体自净作用的人工化和强化，即在模拟自然界存在的自净过程的基础上，人为地将微生物（活性污泥）悬浮于水流中，与有机污染物质不断接触，通过活性污泥微生物的生命代谢活动，去除污水中的有机污染物质。

任务实施

膜分离设施设备运营与维护技术要点

一、污泥运营与维护的技术要点

在活性污泥中，除了微生物外，还含有一些无机物和分解中的有机物。微生物和有机物构成活性污泥的挥发性部分（即挥发性活性污泥），它约占全部活性污泥的 70%~80%。活性污泥的含水率一般为 98%~99%。它具有很强的吸附和氧化分解有机物的能力。

活性污泥是通过一定的方法培养和驯化出来的。培养的目的是使微生物增殖，达到一定的污泥浓度；驯化则是对混合微生物群进行选择和诱导，使具有降解污水中污染物活性的微生物成为优势。

（一）驯化条件

一般来讲，微生物生长条件不能发生骤然的突出变化，即要有一个适应过程，还要有环境适应的菌种，驯化过程应当与原生长条件尽量一致，当条件不具备时，一般用常规生活污水作为培养水源，驯化时温度不低于 20 ℃，驯化采取连续闷曝（即只曝气而不进污水）3~7 天，并在显微镜下检查微生物生长状况，或者依据长期实践经验，按照不同的工艺方法（活性污泥、生物膜等），观察微生物生长状况，也可用检查进出水 COD 大小来判断生化作用的效果。

（二）驯化方式

1. 自然培菌

自然培菌，也称直接培菌法。它是利用污水中原有的少量微生物，逐步繁殖的培养过程。城市污水和一些营养成分较全、毒性小的工业废水，如食品厂、肉类加工厂废水，可以考虑这种培养方法，但培养时间相对较长。自然培菌又可分为间歇培菌和连续培菌两种。

（1）间歇培菌。将曝气池注满污水，进行闷曝，数天后停止曝气，静置沉淀 1 h，然后排出池内约 1/5 的上层污水，并注入相同量的新鲜污水。如此反复进行闷曝、静沉和进水三个过程，但每次的进水量要比上次有所增加，而闷曝时间要比上次缩短。在春季和秋季，约 2~3 周就可初步培养出污泥。当曝气池混合液污泥浓度达到约 1 g/L 时，就可连续进水和曝气。由于培养初期污泥浓度较低，沉淀池内积累的污泥也较少，回流量也要少一些，此后随着污泥量的增多，回流污泥量也要相应增加。当污泥浓度达到工艺所需的浓度后，即可开始正常运营，按工艺要求进行控制。

(2)连续培菌。先将曝气池进满污水，然后停止进水，闷曝半天至1天后可连续进水。连续曝气，进水量从小到大逐渐增加，连续运营一段时间（与间歇法差不多），就会有活性污泥出现并逐渐增多。曝气池污泥量达到工艺所需的浓度时，按工艺要求进行控制。

由于自然培菌法是用污水直接培养活性污泥，其培菌过程也是微生物逐步适应污水性质并获得驯化的过程。

2. 接种培菌

接种培菌法的培养时间较短，是常用的活性污泥培菌方法，适用于大部分工业废水处理厂。城市污水厂如附近有种泥，也可采用此法，以缩短培养时间。接种培养法常用的有如下两种。

(1)浓缩污泥接种培菌。采用附近污水处理厂的浓缩污泥作菌种（种泥或种污泥）来培养。城市污水和营养齐全、毒性低的工业废水处理系统的活性污泥培养，可直接在所要处理的污水中加入种泥进行曝气，直至污泥转棕黄色时就可连续进污水（进水量应逐渐增加），此时沉淀池也投入运营，让污泥在系统内循环。为了加快培养进程，可在培养过程中投加未发酵过的大粪水或其他营养物。活性污泥浓度达到工艺要求值即完成了培菌过程。从经济角度来说，种泥的量应尽可能少，一般情况下控制在稀释后使混合液污泥浓度在0.5 g/L以上。

对有毒的工业废水进行培菌时，可先向曝气池引入河水，也可用自来水（需先曝气一段时间以脱去其中的余氯），然后投入种污泥和未经发酵的大粪水进行曝气，直至污泥呈棕黄色后停止曝气，让污泥沉降并排掉一部分上清液，再次补充一定量的大粪水继续曝气，待污泥量明显增加后，逐步提高污水流量。在培菌的后期，污泥中微生物已能较好地适应工业废水水质。

(2)干污泥接种培菌。干污泥通常是指经过脱水机脱水后的泥饼，其含水率为70%~80%。干污泥接种培菌适用于边远地区和取种污泥运输距离较远的情况。干污泥接种培菌的过程与浓缩污泥接种培菌法基本相同。接种污泥要先用刚脱水不久的新鲜泥饼，投加至曝气池前需加少量水并捣成泥浆，干污泥的投加量一般为池容积的2%~5%。干污泥中可能含有一定浓度的化学药剂（用于污泥调理），如药剂含量过高、毒性较大，则不宜用作为培菌的种泥。鉴定污泥能否作接种用，可将少量泥块捣碎后放入小容器（如烧杯或塑料桶）内加水曝气，经过一段时间后如果泥色能转黄，就可用于接种。接种菌种是指利用微生物生物消化功能的工艺单元，如主要有水解、厌氧、缺氧、好氧工艺单元，接种是对上述单元而言的。依据微生物种类的不同，应分别接种不同的菌种。

3. 接种量的大小

厌氧污泥接种量一般不应少于水量的8%~10%，否则将影响启动速度；好氧污泥接种量一般应不少于水量的5%。只要按照规范施工，厌氧菌、好氧菌可在规定范围内正常启动。

4. 启动时间

应特别说明，菌种、水温及水质条件是影响启动周期长短的重要条件。一般来说，在低于 20 ℃的条件下，接种和启动均有一定的困难，特别是冬季运营时更是如此。因此，建议冬季运营时将污泥分两次投加，水解酸化池中活性污泥投加比例为 8%（浓缩污泥），曝气池中活性污泥的投加比例为 10%（浓缩污泥、干污泥为 8%），在不同的温度条件下，投加的比例不同。投加后按正常水位条件，连续闷曝 7 天后，检查处理效果，在确定微生物生化条件正常时，方可小水量连续进水 25 天，待生化效果明显或气温明显回升时，再次向两池分别投加 10%活性污泥，生化工艺才能正常启动。

5. 菌种来源

厌氧污泥主要来源于已有的厌氧工程，如啤酒厌氧发酵工程、农村沼气池、鱼塘、泥塘、护城河清淤污泥；好氧污泥主要来自城市污水处理厂，应拉取当日脱水的活性污泥作为好氧菌种，接种污泥且按此顺序确定优先级：①同类污水厂的剩余污泥或脱水污泥；②城市污水厂的剩余污泥或脱水污泥；③其他不同类型污水站的剩余污泥或脱水污泥；④河流或湖泊底部污泥；⑤粪便污泥上清液。

6. 系统培养

（1）接种菌种完成后，在连续运营已见到效果的情况下，采用递增污水进水量的方式，使微生物逐步适应新的生活条件，递增幅度的大小按厌氧、好氧工艺及现场条件有所不同。好氧正常启动可在 10~20 天完成，递增比例为 5%~10%；而厌氧进水递增比例则要小很多，一般应控制挥发酸（VFA）浓度不大于 1 000 mg/L，且厌氧池中 pH 值应保持在 6.5~7.5，不要产生太大的波动，在这种情况下水量才可慢慢递增。一般来说，厌氧从启动到转入正常运营（满负荷量进水）需要 2~4 个月才能完成。

（2）厌氧、好氧、水解等生化工艺是个复杂的过程，每个过程都会有自己的特点，需要根据现场条件加以调整。

（3）编制必要的化验和运转的原始记录报表以及初步的建章立制。从培菌开始，逐步建立较规范的组织和管理模式，确保启动与正式运营的有序进行。

（三）调试期间的监测和控制

1. 温度

温度是影响整个工艺处理的主要环境因素。各种微生物都在特定范围的温度内生长，生化处理的温度范围为 10 ℃~40 ℃，最佳温度为 20 ℃~30 ℃。

2. pH 值

在活性污泥法处理污水的曝气系统中，作为活性污泥的主体，菌胶团细菌在 6.5~8.5 的 pH 值条件下可产生较多黏性物质，形成良好的絮状物。

3. 营养物质

污水中的微生物要不断地摄取营养物质，经过分解代谢（异化作用）使复杂的高分子物质或高能化合物降解为简单的低分子物质或低能化合物，并释放出能量。污水中应按 BOD∶N∶P＝100∶5∶1的比例补充氮源、含磷无机盐，为活性污泥的培养创造良好的营养条件。

4. 悬浮物(SS)

污水中含有大量的悬浮物,通过预处理悬浮物已大部分去除,但也有部分不能降解,曝气时会形成浮渣层,但不影响系统对污水的处理。

5. 溶解氧量(DO)

好养的生化细菌属于好氧性的。在培养初期 DO 控制在 1~2 mg/L。在污泥培养成熟期,要将 DO 提高到 3~4 mg/L,这样可使污泥絮体内部微生物也能得到充足的 DO,具有良好的沉降性能。

6. 混合液 MLSS 浓度

混合液污泥 MLSS 的数值即大概能表示活性部分的多少对高浓度有机污水的生物处理一般均需保持较高的污泥浓度。在培养同时根据污泥性状、有机污泥负荷等控制好剩余污泥排放量。

7. 污泥的生物相镜检

污水调试运营期间出现的微生物种类繁多,有细菌、绿藻等藻类、原生动物和后生动物,原生动物有太阳虫、盖纤虫、累校虫等,后生动物出现了线虫。调试运营后期混合液中固着型纤毛虫如累校虫的大量存在,说明处理系统有良好的出水水质。

8. 污泥指数(SVI)

正常运营时污泥指数约在 80 L/mg。

二、活性污泥系统运营与管理

活性污泥系统运营过程中,由于污水的水质、水量情况会随着生产的发展而变化,对处理系统运营管理的好坏会直接影响处理单元的水质。因此,必须重视系统的运营管理,经常检查与观察反应器中污泥性状、出水水质变化。发现运营中的异常情况,应及时处理,避免产生大的损失。

操作管理人员每班需按数次定时对处理装置进行观察,了解系统运营的状况,此即为巡视,其主要观察内容如下。

(一)色、嗅

正常运营的城市污水处理厂及无发色物质的工业废水处理系统,活性污泥一般呈黄褐色。在曝气池溶解氧不足时,厌氧微生物会相应滋生,含硫有机物在厌氧时分解释放出HS,污泥发黑、发臭。当曝气池溶解氧过高或进水过淡、负荷过低时,污泥中微生物可因缺乏营养而自身氧化,污泥色泽转淡。良好的新鲜污泥略带泥土味。微生物分解能力越强,即生物活性越高,土腥味越浓。不是黄褐色或不是土腥味的活性污泥一定不正常。但有土腥味是黄褐色的活性污泥不一定就正常,如发生污泥膨胀的污泥也是黄褐色、土腥味的。

(二)二次沉淀池观察与污泥性状

活性污泥性状的好坏可从二次沉淀池及后面述及的曝气池的运营状况中显示出来,因此管理中应加强对现场的巡视,定时对活性污泥处理系统的“脸色”进行观察。二次沉淀池的液面状态与整个系统的运营与否有密切关系，在巡视二次沉淀池时，应注意观察二次沉淀池泥面的高低、上清液透明程度、漂泥的有无、漂泥泥粒的大小等。

（三）曝气池观察与污泥性状

在巡视曝气池（图 5.1.3）时，应注意观察曝气池液面翻腾情况，曝气池中间若见有成团气泡上升，即表示液面下曝气管道或气孔有堵塞，应予以清洁或更换；若液面翻腾不均匀，说明有死角，尤其注意四角有无积泥。此外，还应注意气泡的性状。

图 5.1.3　曝气池

1. 气泡量的多少

在污泥负荷适当、运营正常时，泡沫量较少，泡沫外观呈新鲜的乳白色泡沫。污泥负荷过高，水质变化时，泡沫量往往增多，如污泥泥龄过短或污水中含大量洗涤剂时，即会出现大量泡沫。

2. 泡沫的色泽

泡沫呈白色且泡沫量增多，说明水中洗涤剂量较多；泡沫呈茶色、灰色，这是因为污泥龄太长或污泥被打碎而被吸附在气泡上所致，这时应增加排泥量；泡沫出现其他颜色时，往往是因为吸附了污水中染料等发色物质的结果。

3. 气泡的黏性

用手沾一些气泡，检查是否容易破碎。在负荷过高、有机物分解不完全时，气泡较黏，不易破碎。

（四）污泥灰分

污泥中的各种无机物质，属污泥灰分，即 MLSS 与 MLVSS 的差值，其量可占污泥干重的 10%~50%。如曝气池进水中悬浮杂质较多、盐度较高或污泥泥龄较长，污泥中灰分所占比例也较大。成型的无机颗粒折光性较强，借助显微镜很容易找到它的踪迹。运营中发现污泥灰分在短期内显著上升时，须检查沉砂池及初沉池运营是否正常。

污泥中灰分的存在有利于改善污泥的沉降性能。但它无活性作用，数量偏多，不利于处理效果的提高，且增加了无效的提升、回流等能耗。

（五）出水悬浮物

出水悬浮物（ESS）是指单位体积出水中悬浮物的质量。ESS 值的大小是活性污泥系统运营状况的一个重要的指标。

1 mg/L ESS 表现出的 BOD 为 0.54~0.69 mg/L，平均为 0.61 mg/L BOD。可见，出水 ESS 越高，出水 BOD 值也越高。絮凝良好的活性污泥，通过二沉池污泥的流失为 5%，当曝气池的 MLSS 为 2 000~4 000 mg/L 时，ESS 为 10~20 mg/L。

（六）污泥的可滤性

污泥的可滤性是指污泥混合液在滤纸上的过滤性能。我们发现，凡结构紧密、沉降性能好的污泥，滤速较快；凡解絮的、老化的污泥，滤速较慢。

（七）污泥的耗氧速率

污泥的耗氧速率 OUR（或 SOUR）是指单位质量的活性污泥在单位时间内的耗氧量。

三、活性污泥法运营中的异常现象与对策

在活性污泥法城市污水处理厂的日常运营管理中，有可能会出现污泥上浮、污泥膨胀、污泥腐化及产生大量泡沫等问题。这些问题的出现往往反映了曝气池的运营问题，若得不到及时解决，将直接影响系统的处理效果，甚至直接导致处理系统的失败。所以，研究解决常见问题的对策，对污水处理厂的日常运营管理至关重要。

（一）污泥膨胀

污泥膨胀（sludge bulking）指污泥结构极度松散，体积增大、上浮、沉降性能恶化、难于沉降分离而影响出水水质的现象。在城市污水处理厂的活性污泥工艺中，污泥膨胀不但发生率高，发生普遍，而且一旦发生则难以控制，通常需要较长的时间来调整。

当污泥发生膨胀时，SV 值增大，有时达到 90%，SVI 达到 300 以上；大量污泥流失，出水浑浊；二次沉淀难以固液分离，回流污泥浓度低，有时还伴随大量泡沫的产生，无法维持生化处理的正常工作。

污泥膨胀是生化处理系统较为严重的异常现象之一，它直接影响出水水质，并危害整个生化系统的运作。

污泥膨胀可分为非丝状菌膨胀和由丝状菌过度繁殖而产生的膨胀。

1. 非丝状菌膨胀

（1）产生原因

①水温低且污泥负荷高。当污水水温较低而污泥负荷过高时，此时细菌吸附了大量有机物，来不及代谢，在胞外积贮大量高黏性的多糖物质，使得表面附着物大量增加，很难沉淀压缩。

②营养物质缺乏。而当氮严重缺乏时，也有可产生膨胀现象。

(2)临时控制措施

①污泥助沉法:改善、提高活性污泥的絮凝性,投加絮凝剂,如硫酸铝等;改善、提高活性污泥的沉降性、密实性,投加黏土、消石灰等;

②灭菌法:杀灭丝状菌,如投加氯、臭氧、过氧化氢等的药剂;投加硫酸铜,可控制有球衣菌引起的膨胀。

(3)工艺运营调节措施

①调整进水 pH 值;

②调整混合液中的营养物质;

③如有可能,可考虑调节水温——丝状菌膨胀多发生在 20 ℃以上;

④调整 BOD 污泥(MLSS)负荷,当超过 0.35 kg/(kg·d)时,易发生丝状菌膨胀。

(4)永久性控制措施

永久性控制措施是对现有设施进行改造,或新厂设计时就加以考虑,从工艺运营上确保污泥膨胀不会发生;在工艺中增加一个生物选择器,该法主要针对低基质浓度下引起的营养缺乏型污泥膨胀,其出发点就是造成曝气池中的生态环境有利于选择性地发展菌胶团细菌,应用生物竞争的机制抑制丝状菌的过度增殖,从而控制污泥膨胀。

好氧选择器:在曝气池之前增加一个具有推流特点的预曝气池,其停留时间(HRT 为 5~30 min,多采用 20 min)的选择非常重要。

2. 丝状菌膨胀

丝状菌膨胀主要是由于曝气池中丝状菌异常增殖而引起的,主要的丝状菌有球衣菌属、贝氏硫细菌,以及正常在活性污泥中的某些丝状菌如芽孢杆菌属等。丝状菌膨胀在日常工作中较为常见,成因也十分复杂。

(1)产生原因

①供氧不足。活性污泥的主体是菌胶团,与菌胶团比较,丝状菌和真菌生长时需较多的碳素,对氮、磷的要求则较低。它们对氧的需要也和菌胶团不同,菌胶团要求要有较多的氧(至少 0.5 mg/L)才能很好地生长,真菌和丝状菌(如球衣菌)在低于 0.1 mg/L 的微氧环境中,才能较好地生长。所以在供氧不足的时,菌胶团将减少,丝状菌、真菌则大量繁殖。

②pH 值低。菌胶团生长适宜的 pH 值范围在 6~8,而真菌则在 pH 值等于 4.5~6.5 生长良好,所以 pH 值稍低时,菌胶团生长受到抑制,而真菌的数量则可能大大增加。

③水温高。水温是影响污泥膨胀的重要因素。丝状菌在高温季节(水温在 25℃以上)宜于生长繁殖,可引起污泥膨胀。

因此,污水如碳水化合物较多,溶解氧不足,缺乏氮、磷等养料,水温高或 pH 值较低的情况下,均能引起污泥膨胀。此外,超负荷、污泥龄过长或有机物浓度梯度小等,也会引起污泥膨胀。排泥不畅则引起结合水性污泥膨胀。事实也证明,在丝状菌与菌胶团细菌平衡时是不会产生污泥膨胀的,只有当丝状菌生长超过菌胶团细菌时,才会出现污泥膨胀现象。

(2)对策

预防丝状菌性污泥膨胀可采取以下一些措施:

①结合进水浓度和处理效果，变更曝气量，使有机物和曝气量维持适当的比例；

②严格控制排泥量和排泥时间；

③在回流污泥中投加漂白粉或液氯以消除丝状菌，加氯量可按干污泥质量的0.3%~0.6%投加；

④调整 pH 值；

⑤投加5~10 mg/L 氯化铁，促进凝聚，刺激菌胶团生长，另外投加石棉粉末、硅藻土、黏土等物质也有一定的效果。

（二）污泥解体

处理水浑浊、污泥絮凝体微细化，出水透明度降低，处理效果变坏等均是污泥解体现象。

1. 产生原因

导致这种异常现象的原因有运营中的问题，也可能由于污水中混入了有毒物质所致。运营不当（如曝气过量），会使活性污泥生物营养的平衡遭到破坏，微生物量减少且失去活性，吸附能力降低，絮凝体缩小；一部分则成为不易沉淀的羽毛状污泥，SV 值降低，使处理水变浑浊。当污水中存在有毒物质时，微生物会受到抑制、伤害，使污泥失去活性，导致净化能力下降。一般可通过显微镜来观察判别产生的原因。

2. 控制措施

当鉴别出是运营方面的问题时，应对污水量、回流污泥量、空气量和排泥状态以及 SV、MLSS、DO 等多项指标进行检查，加以调整。当确定是污水中混入有毒物质时，应该考虑要能是有新的工业废水混入的结果。若确有新的废水混入，应责成其按国家排放标准加以局部处理。

（三）污泥脱氮上浮

现象：污泥沉淀30~60 min 后呈层状上浮，多发生在夏季，这种污泥在二次沉淀池呈块状上浮的现象，并不一定是由腐败所造成的，也可能是由污泥反硝化造成。

1. 原因

当曝气时间较长或曝气量较大时，在曝气池中将会发生高度硝化作用而使混合液中含有较多的硝酸盐（尤其当进水中含有较多的氮化物时）。此时，二次沉池可能发生反硝化而使污泥上浮。当曝气内污泥泥龄过长时，硝化过程比较充分（NO;>5 mg/L），在沉淀池内发生反硝化作用，硝酸盐的氧被利用，氮即呈气体脱出附于污泥上，使之相对密度降低，整块上浮。试验表明，如果让硝酸盐含量高的混合液静止沉淀，在开始的30~90 min 后污泥可能沉淀得很好，但不久就可以看到，由于反硝化作用所产生的氮气在泥中形成小气泡，使污泥整块地浮至水面。在做污泥沉降比试验时，由于只检查污泥30 min 的沉降性能，往往会忽视污泥的反硝化作用。这是在活性污泥法的运营中应当注意的现象。

2. 控制措施

为防止这一异常现象的发生，应采取增加污泥回流或及时排除剩余污泥，或降低混合液污泥浓度，缩短污泥龄和降低溶解氧，减少曝气量或缩短曝气时间以减弱硝化作用以及减少二次沉淀池进水量,减少二次沉淀池的污泥量等措施解决。

(四)污泥腐化

在沉淀池中污泥可能由于长期滞留而厌氧发酵,生成气体(HS、CH 等)从而产生大块污泥上浮的现象。腐化的活性污泥呈灰黑色、污泥发生厌氧反应,污泥中出现硫细菌,出水水质恶化。

1. 原因

曝气量过小,污水在二次沉淀池的停留时间较长或二次沉淀池排泥不畅,二次沉淀池可能由于缺氧而腐化,即污泥发生厌氧分解,产生大量气体,最终使污泥上浮。此外,除上述操作管理方面的原因外,构筑物设计不合理也会引起污泥上浮。若工艺中是曝气和沉淀合建的构筑物,往往会有以下两点原因会导致污泥上浮:一是污泥回流缝太大,沉淀区液体受曝气区搅拌的影响,产生波动,同时大量微气泡从回流缝窜出,携带污泥上升;二是导流室断面太小,气水分离效果较差,影响污泥沉淀。

污泥腐化它与污泥脱氮上浮所不同的是,污泥腐化会变黑,产生恶臭。此时也不是全部污泥上浮,大部分都是正常地排出或回流,只是沉积在死角长期滞留的污泥才腐化上浮。

2. 防止的措施

(1)安装防止污泥外溢的浮渣设备。

(2)消除沉淀池的死角。

(3)加大池底坡度或调整池底刮泥设备,不使污泥滞留于池底。

此外,如曝气池内曝气过度,使污泥搅拌过于激烈,生成大量小气泡附聚于絮凝体上,也容易产生这种现象。防止措施是将供气控制在搅拌所需的限度内,而脂肪和油则应在进入曝气池之前去除。

(五)泡沫问题

1. 产生原因

曝气池中产生泡沫的主要原因有:污泥停留时间、pH 值、溶解氧(DO)、温度、憎水性物质、曝气方式和气温气压及水温的交替变化等。泡沫会给生产操作带来一定困难,主要有以下危害。

(1)泡沫一般具有黏附性,常常会将大量活性污泥等固体物质卷入曝气池的漂浮泡沫层,泡沫层又在曝气池表面翻腾,阻碍氧气进入曝气池混合液,降低充氧效率。

(2)生物泡沫蔓延到走道板上,影响巡视和设备维修;夏天生物泡沫随风飘荡,将会产生一系列环境卫生问题,冬季泡沫结冰后,清理困难,给巡视和维护人员带来不便。

(3)回流污泥中含有泡沫类似浮选的现象,损坏污泥的正常性能;生物泡沫随排泥进入泥区,干扰污泥浓缩和污泥硝化的顺利进行。

2. 控制方法

控制泡沫问题可采取如下措施:喷洒水、投加杀菌剂或消泡剂、降低污泥龄、回流厌氧上清液、向曝气反应器内投加填料和化学药剂等。

用自来水或处理后的出水喷洒曝气池水面的做法效果较好，价格低廉又易于操作，被广泛采用。但采用自来水控制方法会浪费水资源；采用处理后，出水控制方法会影响操作环境。

投加消泡剂，如柴油、煤油等做法的效果也较好。也可采用废机油等，优点是价格低廉，但投量较多时会污染水体。从节约油量、减少油类物质进入水体造成污染的角度考虑，应慎用此法。

增加曝气池中活性污泥的浓度，此法是控制泡沫大量产生的最有效的治本之法，但在实际运营中可能没有足够的回流污泥以加大曝气池的污泥浓度。降低污泥龄能有效地抑制丝状菌的生长，以避免由其产生的泡沫问题。有试验表明，厌氧消化池上清液也能抑制丝状菌的生长，但由于上清液中 COD 和 NH_3-N 浓度很高，有可能影响最后的出水质量，应用时应慎重考虑。

课件

活性污泥系统运营与维护

评价

评一评

评价指标		评价主体		
一级指标	二级指标	学生自评	学生互评	教师评价
知识目标	了解活性污泥的定义及增长规律			
	了解活性污泥对废水净化作用			
	掌握活性污泥性能的指标、参数			
	了解活性污泥性能的影响因素			
	掌握活性污泥法的概念			
能力目标	掌握污泥运维技术的特点			
	掌握活性污泥法运维技术的要点			
	掌握活性污泥法运营中的异常现象与对策			

总结反思

任务 5.2　生物膜系统设施设备运营与维护

工单编号		姓名：	班级：
面向专业		学号：	学时：

教学目标

(1)了解生物膜系统设施设备运营与维护必备知识点；

(2)掌握生物膜系统设施设备运营与维护技术要点。

任务必备知识点

生物膜系统设施设备运营与维护知识要点

一、概述

生物膜法是将污水通过某些载体，好氧微生物和原生动物、后生动物等在载体上生长繁殖形成生物膜，吸附和氧化分解有机物，使污水得以净化。生物膜法是利用固着于固体介质表面的微生物来净化有机物的，因而这种方法也称为生物过滤法。生物膜法是与活性污泥法并列的一类污水好氧生物处理技术。与活性污泥法相比，生物膜法具有适应性强、管理方便、污泥量少的优点。但是，由于固着于固体表面的微生物量较难控制，因而在运转操作上伸缩性差；又由于滤料表面积小，BOD 容积负荷有限，因而空间效果差；加之采用自然通风供氧，在生物膜内层形成厌氧层，从而缩小了具有净化功能的有效容积。

污水的生物膜处理法是与活性污泥法并列的一种污水好氧生物处理技术。属于生物膜处理法的工艺有生物滤池、生物转盘和生物接触氧化法等。

(一)生物膜法的净化机理

目前，生物膜法处理微生物的膜体为蓬松的絮状结构，对污水中的有机污染物具有较强的吸附与氧化降解能力。生物膜对污水中有机物的净化包括污染物及代谢产物的迁移、氧的扩散与吸收、有机物分解和微生物的新陈代谢等各种复杂过程。在这些过程的综合作用下，污水中有机物的含量大大减少，使污水得到净化。生物膜结构及净化机理如图 5.2.1 所示。

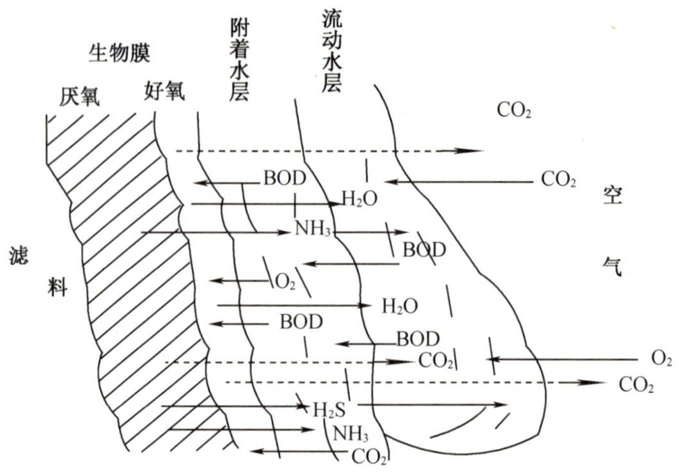

图 5.2.1　生物膜结构及净化机理(剖面图)

生物膜法的净化机理主要有:

(1)生物膜的形成;

(2)生物膜的构造与净化机理;

(3)生物膜的更新脱落。

在生物膜内、外,生物膜与水层之间进行着多种物质的传递过程。污水进入滤池并在滤料表面流动时,在生物膜的吸附作用下,其所含的有机物透过生物膜表面的附着水层,从污水主体向生物膜内部迁移;与此同时,空气中的氧亦通过膜表面附着水层进入生物膜。生物膜中的微生物在有氧的条件下进行新陈代谢的生命活动,对有机物进行氧化降解,降解产物沿着相反方向从生物膜经过附着水层排泄到流动废水或空气中去。

对于新生生物膜而言,由于生物膜厚度较薄,生物膜内物质传输的阻力小、速率快,故污染物大部分在生物膜表面去除,代谢产物从生物膜排出的速率也很快,生物膜受产物积累的抑制较弱,生物膜活性高,底物去除率也高。但当生物膜厚度增长到一定程度或有机物浓度较大时,迁移到生物膜的分子氧主要为膜表层的微生物所消耗,导致生物膜内部供氧不足,出现厌氧层。随着生物膜的增厚,内层微生物不断死亡并解体,大大降低了膜与滤料的黏附力。

老化的生物膜在自重和过流污水冲刷的共同作用下自行脱落,膜脱落后的滤料表面又重新开始生长新的生物膜,这一过程称作生物膜的更新。在生物膜处理系统中,保持生物膜正常的新陈代谢和生物膜内微生物的活性是保证生物膜去除污水中污染物的前提条件。

二、生物膜法的主要特点

与活性污泥法相比,生物膜法的主要特点包括以下几方面:

(1)适应冲击负荷变化能力强;

(2)反应器内微生物浓度高;
(3)剩余污泥产量低;
(4)同时存在硝化和反硝化过程;
(5)操作管理简单,运营费用较低;
(6)调整运营的灵活性较差;
(7)有机物去除率较低。

三、生物膜法的主要影响因素

生物膜法的主要影响因素包括:
(1)温度;
(2)pH 值;
(3)水力负荷;
(4)溶解氧;
(5)填料类型及特征;
(6)生物膜量及活性;
(7)有毒物质;
(8)营养物质。

四、生物膜法的主要形式

(一)生物膜法的分类

生物膜反应器可以划分为固定床和流动床两大类。

(二)生物膜法的技术

生物滤池、生物转盘、生物接触氧化法是生物膜法中应用最广泛的几种技术,以下内容将分别介绍它们的工作原理和构造。

1. 生物滤池
(1)普通生物滤池
对于普通生物滤池要掌握普通生物滤池的适用范围与优缺点。
(2)高负荷生物滤池的特征
对于高负荷生物滤池要掌握高负荷生物滤池的特征。
(3)塔式生物滤池
塔式生物滤池包括以下两方面:
a. 在构造方面的特征;
b. 在工艺方面的特征。
(4)曝气生物滤池
曝气生物滤池应掌握曝气生物滤池的主要特征。

2. 生物转盘

当前,生物转盘处理技术已被公认为是一种净化效果好、能源消耗低的生物处理技术。对于生物转盘需要掌握以下内容:

(1)生物转盘的组成与构造特点;

(2)生物转盘系统的特征。

3. 生物接触氧化

生物接触氧化又称为“淹没式生物滤池”。生物接触氧化是一种介于活性污泥法与生物滤池两者之间的生物处理技术。也可以说是具有活性污泥法特点的生物膜法,对于生物接触氧化需要掌握生物接触氧化处理技术主要特征。

任务实施

膜分离设施设备运营与维护技术要点

一、生物膜法的运营与管理原则

(1)防止生物膜生长过厚;

(2)维持较高的 DO;

(3)减少出水悬浮物 ESS。

二、生物膜法常见问题及处理方法表

生物膜法常见问题及处理方法表见 5.2.1。

表 5.2.1 生物膜法常见问题及处理方法

常见问题	构筑物名称	原因	处理方法
挂膜困难	各类生物膜反应器	进水水质影响(难生物降解、B/C 过低或有毒物质)	采用异步培驯法
		曝气过度	降低曝气量
		水力负荷太高	控制水力负荷
膜活性低	各类生物膜反应器	生物膜更新慢	增加曝气或水力负荷
		进水有毒物质或代谢产物抑制	控制进水有毒物质负荷,促进生物膜更新
生物膜大量脱落	各类生物膜反应器	F/M 过低	间歇曝气
		代谢产物抑制	促进生物膜更新
		水力冲刷作用过强	降低水力负荷
填料堵塞	生物滤池	膜太厚或水力冲刷弱	出水回流或增加回流量

三、生物滤池的运营与管理

（一）生物滤池的挂膜阶段——培养与驯化

生物滤池投入运营之前，先要检查各项机械设备（水泵、布水器等）和管道，然后用清水替代废水进行试运营，发现问题时需做必要的整修。

生物滤池正常运营后，有一个“挂膜”阶段，即培养生物膜的阶段。在这个始运营阶段中，洁净的无生物膜滤床，逐渐长出了生物膜，处理效率和出水水质不断提高，进入正常运营状态。当温度适宜时，始运营阶段历时约一周。

（二）影响生物滤池处理效果的因素

影响生物滤池处理效果的因素主要包括：

（1）生物膜的生长；

（2）污水的性质；

（3）氧；

（4）温度；

（5）pH 值和毒物。

（三）生物滤池的日常运营与管理

1. 日常水质检测

评价系统运营情况；积累运营数据；探讨处理效果与水质、水量及季节变化的关系。

2. 能量消耗统计

分析处理构筑物和附属设施的能耗分布，并结合构筑物的处理效果，研究提高水质、降低能耗的措施，提高运营水平。

3. 机电设备养护与维修

定期检查机电设备的运营情况，提出养护和维修计划，确保正常运营。

（四）常见问题及对策

1. 滤池积水

原因：

（1）滤料的粒径太小或不均匀；

（2）由于温度的骤然变化使石质滤料破碎以致堵塞孔隙；

（3）预处理设备运营不正常，导致滤池进水中的悬浮物量过高；

（4）生物膜的过度剥落堵塞了滤料间的孔隙；

（5）滤池的有机负荷过高。

预防和补救方法有：

（1）把松滤池表面的石质滤掉；

（2）用高压水流冲浇滤料表面；

（3）停止在积水面积上布水器的运营，让污水流将滤料上的生物膜冲走；

(4)向滤池进水中投配游离氯(5 mg/L),历时数小时,隔周投配,投配时间可在晚间流量低时进行,以降低氯的需要量;

(5)停止滤池运转一段时间,以便让积水滤干;

(6)对于有水封墙和可以封住排水渠道的滤池,可用废水淹没滤池并使其维持 1 d 以上时间;

(7)如以上措施仍然都无效时,就要考虑更换滤料,这样做可能比清洗旧滤料更经济些。

2. 臭味问题

(1)维持所有设备(包括沉淀池和污水系统)都保持在好氧状态;

(2)降低污泥和生物膜的累积量;

(3)在低流量时向滤池进水短期加氯;

(4)采用滤池回流;

(5)清洗出现堵塞的排水系统;

(6)清洗所有的滤池通风道;

(7)把空气压入滤池的排水系统以加大通风量;

(8)降低特别大的有机负荷;

(9)在滤池上加盖并对排放气体除臭。

3. 滤池灰蝇问题

(1)连续地向滤池投配水;

(2)按照与减少积水相类似方法减少过量的生物膜;

(3)每周或每两周用污水淹没滤池 1 d;

(4)冲洗滤池内部暴露的池墙表面;

(5)向污水中加氯,维持 0.5~1 mg/L 的余氯量;

(6)每隔 4~6 周投加一次杀虫剂。

4. 滤池表面结冰问题

(1)减少滤池污水回流次数;

(2)调节喷嘴和反射板以使滤池布水均匀;

(3)在滤池的风向处设挡风屏;

(4)及时清除滤池表面所出现的冰块。

5. 滤池出现蜗牛、苔藓和蟑螂

(1)加氯 10 mg/L,使滤池出水中的余氯量为 0.5~1 mg/L 并维持几个小时;

(2)用最大的回流量来冲洗滤池。

6. 旋转布水器孔口的堵塞问题

(1)清洗所有的孔口;

(2)提高初次沉淀池对油脂和悬浮物的去除效果;

(3)对滤池维持适当的水力负荷;

(4)按规定定期对旋转臂进行加油。

7. 生物膜异常脱落

生物膜异常脱落问题通常易于在高负荷滤池或塔滤进水中断再恢复时出现，因此应当保持进水的连续运营。

四、生物转盘的运营管理

生物转盘日常运营管理有以下注意事项：

(1)预处理；

(2)转盘分级；

(3)流量和负荷的波动；

(4)进水方向；

(5)覆盖物；

(6)二次沉淀池；

(7)溶解氧；

(8)出水悬浮物；

(9)生物相的观察；

(10)设备维修。

五、生物接触氧化的运营管理

在运营中应注意以下四方面问题：

(1)填料的选择；

(2)防止生物膜过厚、结球；

(3)及时排出过多的积泥；

(4)二次沉淀池的运营管理。

课件

生物膜法运营与维护

评价

评一评

评价指标		评价主体		
一级指标	二级指标	学生自评	学生互评	教师评价
知识目标	了解生物膜法的定义			
	了解生物膜法的净化机理			
	掌握生物膜法的主要形式			
能力目标	掌握生物膜法的运营与管理原则			
	掌握生物膜法的常见问题及对策			
	掌握生物滤池、生物转盘、 生物接触氧化的运营维护技术要点			

总结反思

项目6 厌氧生物处理设施设备运营与维护

工单编号		姓名：	班级：
面向专业		学号：	学时：

教学目标

(1)了解厌氧生物处理设施设备运营与维护必备知识点；
(2)掌握厌氧生物处理设施设备运营与维护技术要点。

任务必备知识点

生物膜系统设施设备运营与维护知识要点

一、厌氧生物处理系统原理

厌氧生物处理系统利用厌氧性微生物的代谢特性，在无须提供外源能量的条件下，以被还原有机物作为受氢体，同时产生有能源价值的甲烷气体。厌氧生物处理系统不仅适用于高浓度有机废水，进水BOD最高浓度可达每升数万毫克，也可适用于低浓度有机废水，如城市污水等。

二、厌氧生物系统反应阶段

(1)水解阶段：高分子有机物由于其大分子体积，不能直接通过厌氧菌的细胞壁，需要在微生物体外通过胞外酶加以分解成小分子。

(2)酸化阶段：上述的小分子有机物进入细胞体内转化成更为简单的化合物并被分配到细胞外，这一阶段的主要产物为挥发性脂肪酸(VFA)，同时还有部分的醇类、乳酸、二氧化碳、氢气、氨、硫化氢等产物产生。

(3)产乙酸阶段：在此阶段，上一步的产物进一步被转化成乙酸、碳酸、氢气以及新的细胞物质。

(4)产甲烷阶段：在这一阶段，在产甲烷菌的作用下，乙酸、氢气、碳酸、甲酸和甲醇都被转化成甲烷、二氧化碳和新的细胞物质。这一阶段也是整个厌氧过程中最为重要的阶段和整个厌氧反应过程的限速阶段。

三、厌氧生物处理的主要特征

好氧工艺和厌氧工艺的特性对比见表 6.1。

表 6.1　好氧工艺和厌氧工艺的特性对比

主要特性	好氧生物降解	厌氧生物降解
微生物种类	好氧微生物(简单)	厌氧微生物(复杂)
降解速率	快	慢
降解途径	碳降解、氨降解	碳降解
对氧的要求	适当的溶解氧	无溶解氧
温度要求	常温	常温—中温—高温
环境条件	适应范围宽	适应范围较窄
营养物质	100:5:1	200:5:1
最终产物	H_2O、CO_2	CH_4、H_2O、CO_2
基建费用	较低	较高
运营费用	较高	较低、回收能源

四、常见的厌氧反应器

(一)厌氧消化法

在断绝与空气接触的条件下,依赖兼性厌氧菌和专性厌氧菌的生物化学作用,对有机物进行生物降解的过程,称为厌氧生物处理法或厌氧消化法。厌氧要求有机物浓度较高,一般大于 1 000 mg/L。所以厌氧适用于处理高浓度有机废水和污泥处理。厌氧消化法的处理对象是:高浓度有机工业废水、城镇污水的污泥、动植物残体及粪便等。

(二)厌氧接触氧化法

厌氧接触氧化法使污泥不流失、出水水质稳定,可提高消化池内的污泥浓度,缩短污水在消化池内的水力停留时间,从而提高厌氧反应的有机容积负荷和处理效率。

(三)厌氧生物滤池

厌氧生物滤池是装填有滤料的厌氧生物反应器,在滤料的表面形成了以生物膜形态生长的微生物群体,在滤料的空隙中则截留了大量悬浮生长的厌氧微生物,污水通过滤料层向上流动或向下流动时,污水中的有机物被截留、吸附及分解转化为甲烷和二氧化碳等。

(四)厌氧生物流化床

厌氧生物流化床反应器是一种高效的生物膜法处理方法,它是利用砂等大表面积的物质为载体。厌氧微生物以膜形式结在砂或其他载体的表面,在污水中呈流动状态,微生物与污水中的有机物进行接触吸附分解有机物,从而达到处理的目的。

(五)升流式厌氧污泥床

升流式厌氧污泥床(Upflow Anaerobic Sludge Bed,UASB)由污泥反应区、气液固三相分离器(包括沉淀区)和气室三部分组成。在底部反应区内存留大量厌氧污泥,具有良好的沉淀性能和凝聚性能的污泥在下部形成污泥层。要处理的污水从厌氧污泥床底部流入与污泥层中污泥进行混合接触,污泥中的微生物分解污水中的有机物,把它转化为沼气。沼气以微小气泡形式不断放出,微小气泡在上升过程中,不断合并,逐渐形成较大的气泡,在污泥床上部由于沼气的搅动形成一个污泥浓度较稀薄的污泥和水一起上升进入三相分离器,沼气碰到分离器下部的反射板时,折向反射板的四周,然后穿过水层进入气室,集中在气室沼气,用导管导出,固液混合液经过反射进入三相分离器的沉淀区,污水中的污泥发生絮凝,颗粒逐渐增大,并在重力作用下沉降。沉淀至斜壁上的污泥沿着斜壁滑回厌氧反应区内,使反应区内积累大量的污泥,与污泥分离后的处理出水从沉淀区溢流堰上部溢出,然后排出污泥床。

(六)厌氧生物转盘

厌氧生物转盘(ANRBC)与好氧生物转盘基本相似,不同之处是厌氧生物转盘的盘片大部分或全部浸没在污水中,整个生物转盘是设在一个密闭的反应槽容器内,是为了保证厌氧条件和收集沼气。厌氧生物转盘是由盘片、密闭反应槽、转轴以及驱动装置等组成的。

污水的净化是由盘片表面的生物膜和悬浮在反应槽中的厌氧菌完成的。产生的沼气从反应槽顶部排出。由于盘片的转动,作用在生物膜上的剪切力可将老化的生物膜剥落,在水中呈悬浮状态,随水流出槽外。

厌氧生物转盘的特点是转盘微生物浓度高,有机容积负荷高,可处理高浓度、高悬浮物有机废水,耐冲击负荷,水力停留时间短,无堵塞,运营稳定,但动力消耗大,占地大,盘片造价高。

(七)厌氧折流板反应器

厌氧折流板反应器是新型高效的厌氧生物处理装置。其特点是:反应器内置竖向导流板,将反应器分隔成几个串联的反应室,每个反应室都是一个相对独立的上流式污泥床系统,其中的污泥以颗粒化形式或絮状形式存在。水流由导流板引导上下折流前进,逐个通过反应室内的污泥床层,进水中的底物与微生物充分接触而得以降解去除。该工艺适用于各种温度条件,从低温(<10 ℃)到高温(>55 ℃)均可运营。对于各种含抑制性化合物的化工废水也适用。该反应器相当于在一个池体内分成若干个升流式厌氧污泥床,通过合理设计上升和下降流速,从而实现良好的泥水混合、三相分离,使反应器内一直保持较高的污泥浓度。

任务实施

膜分离设施设备运营与维护技术要点

一、厌氧生物处理系统的运营与管理

(一)厌氧滤池的启动

厌氧滤池的启动即完成反应器内污泥的增殖与驯化、通过形成生物膜和细胞聚集体使污泥达到预定的浓度和活性。从而使反应器可在设计负荷下正常运营。通常可采用已有的污水处理厂的消化污泥作为接种污泥、污泥在投加前可与部分原水混合,在反应器中停留 3~5 d,然后开始连续进水。开始时,COD 负荷应低于 1.0 kg/(m^3 · d)。对于高浓度的污水要进行适当的稀释。并在启动过程中逐渐减少稀释倍数,增加负荷。当污水中可生物降解的 COD 去除率达到约 80 时,即可按设计负荷连续运营了。

(二)UASB 系统的启动

启动过程主要是用未经驯化的絮状污泥,如污水处理厂的消化污泥。对其进行接种,使反应器达到设计负荷并实现有机物的去除效果。通常这一过程伴随着颗粒化的完成,因此也称为污泥的颗粒化。由于厌氧微生物,特别是甲烷菌增殖很慢,厌氧反应器的启动需要很长时间。但是一旦启动完成,在停止运营后的再次启动可以迅速完成。当没有现成的厌氧污泥和颗粒污泥时,采用最多的是城市污水厂的消化污泥。除了消化污泥之外,可用作接种的污泥和沉淀物或富微生物的河泥也可以培养出颗粒污泥。污泥 VSS 的接种浓度至少不低于 10 kg/m^3 反应器容积。

二、厌氧生物处理系统常见问题及处理方法

厌氧生物处理系统常见问题及处理方法见表 6.2。

表 6.2　厌氧生物处理系统常见问题及处理方法见

常见问题	构筑物	原因	处理方法
填料堵塞	厌氧滤池	进水 SS 高	增加固液分离的前处理
		水力负荷低	出水回流或增大回流量
		气泡滞留造成局部堵塞	间歇采用较大水力负荷
颗粒污泥培养时的污泥量大幅度减少	UASB、EGSB	负荷增加太快	停止进水一段时间并降低负荷
		驱赶絮状污泥时随出水排出的量大于生长量	控制泥龄,一般应大于 15 d
污泥成团上浮	UASB、EGSB	沟流	改进进水配水装置;促进产气
		气泡滞留	增加出水回流,提高水力负荷

表 6.2(续)

常见问题	构筑物	原因	处理方法
水面发现规则的微细气泡	UASB、EGSB	集气管出气压力大	调整水封井内集气管的浸没深度
产气量大幅度减少	厌氧反应器	进水冲击负荷	注意监控进水水量、水质
		有毒物质影响	控制有毒物质负荷
		反应器内温度变化	控制进水温度
		反应器内酸性末端增加	调控各种运营参数,尤其注意产气中的氢含量及 VFA 的变化
		出水 pH 值过低	考察原水碱度及缓冲能力
污泥生长过慢	厌氧反应器	营养物不足,微量元素不足	增加营养物和微量元素
		进液酸化度过高	减少酸化度
		种泥不足	增加种泥
反应器过负荷	厌氧反应器	反应器污泥量不够	增加种泥或提高污泥产量
		污泥产甲烷活性不足	减少污泥负荷
		每次进泥量过大、间断时间短	减少每次进泥量,加大进泥间隔
污泥活性不够	厌氧反应器	温度不够	提高温度
		产酸菌生长过快	控制产酸菌生长条件
		营养或微量元素不足	增加营养物和微量元素
		无机物 Ca^{2+}引起沉淀	减少进泥中 Ca^{2+}含量
污泥流失	厌氧反应器	气体集于污泥中,污泥上浮	增加污泥负荷,增加内部水循环
		产酸菌使污泥分层	稳定工艺条件,增加污水酸化程度
		污泥脂肪和蛋白过大	采取预处理去除脂肪蛋白
污泥扩散,颗粒污泥破裂	厌氧反应器	负荷过大	稳定负荷
		过度机械搅拌	改水力搅拌
		有毒物质存在	污水清除毒素
		预酸化突然增加	应用更稳定酸化条件

三、消化池运营过程中常见的异常现象和处理措施

(1)产气量下降的原因与解决办法如下。

投加的污泥浓度过低,甲烷菌的底物不足。应设法提高投配污泥浓度。

①消化污泥排量过大，使消化池内甲烷菌减少，破坏甲烷菌与营养的平衡。应减少排泥量。

②消化工艺温度降低，可能是由于投配的污泥过多或加热设备发生故障。解决办法是减少投配量与排泥量，检查加温设备，保持消化温度。

③消化池容积减少，原因是消化池内浮渣的积累，使消化池的容积减小。应及时排除浮渣。

④沼气漏出。原因是消化池、输气系统的装置和管路漏气，应及时进行检修。

⑤过多的酸生成。投加污泥量过大，使池内 pH 值下降，对厌氧菌产生抑制，使产气量减少。对策是先减少或终止投泥和排泥，继续加热，观察池内 pH 值的变化情况。

(2)消化池排泥不畅由于池内浮渣与沉砂量增多，检查池内搅拌效果及沉砂池的沉砂效果，尽量减少大量无机物排除浮渣与沉砂。

(3)有机酸积累，碱度不足其解决办法是首先控制 pH 值，同时减少投配量，观察池内碱度的变化，如不能改善，则应增加碱度，如石灰、$CaHCO_3$ 等。

(4)沼气的气泡异常沼气的气泡异常有以下三种表现形式。

①连续喷出像啤酒开盖后出现的气泡，这是消化状态严重恶化的征兆，原因可能是排泥量过大，池内污泥量不足，或有机物负荷过高，或搅拌不充分，或温度下降，或池内浮渣较多。解决办法是减少或停止排泥，加强搅拌，减少污泥投配。

②大量气泡剧烈喷出，但产气量正常，池内由于浮渣层过厚，沼气在层下集聚，一旦沼气穿过浮渣层就有大量沼气喷出。对策是破碎浮渣层充分搅拌。

③不起泡。可暂时减少或中止投配污泥，充分搅拌，调节消化温度到正常值。

(5)消化池沼气压力升高其主要原因是消化池沼气输出管道产生阻力，一般有以下几种情况：采用沼气非连续搅拌时，搅拌初期池内沼气因搅拌而大量溢出，造成流量短时间内增大，引起压力升高。一般采用缩短搅拌周期的办法，即可避免此类现象发生；沼气管存在水阻现象，一般沼气管 U 形弯处易发生此类情况。在最低点处设放水阀，并定期放水即可，沼气过滤和脱硫系统因结垢引起阻力增大。定期清洗沼气过滤器和脱硫系统中的滤料，即可防止结垢过多。

化学沉积在消化系统出水管的弯头及后浓缩池出水口处，常产生鸟粪石沉积，铵氮和镁离子浓度较高是鸟粪石形成的主要原因，严重时鸟粪石的厚度可达 5 cm，常发生堵塞管道现象。解决办法有：在弯头处增设法兰短管，定期拆开清理；投加铁盐，与磷酸根结合生成磷酸铁，阻止或减缓鸟粪石结晶体的形成。

四、UASB 反应器的运营管理

UASB 反应器在实际运营中必须对有关的运营条件加以严格控制。总体来说，UASB 反应器的工艺运营主要受接种污泥的性质及数量、进水水质（有机基质浓度及种类、营养比、悬浮固体含量、有毒有害物质）、反应器的工艺条件（处理负荷，包括水力负荷、污泥负荷和有机负荷，反应温度，pH 值与碱度，挥发酸含量）等的影响。具体情况如下。

(一)进水营养比的控制

与好氧细菌一样,厌氧细菌生长繁殖同样需要一定量的营养物质。这些营养物质包括N、P、S。因此,在运营的过程中需注意控制反应器中的C、N、P、S的比例。

(二)进水中悬浮固体的控制

UASB反应器进水中的悬浮固体浓度应控制在一定范围内。一般都将SS控制在2 000 mg/L以下,实际运营中应根据具体情况加以合理控制。

(三)有毒有害物质

污水中的有毒物质会影响厌氧处理过程的正常进行,因此必须严格控制有毒物质在污水中的浓度。对厌氧处理过程会产生毒害作用的物质有以下几类:硫化物、氨氮、重金属、氰化物及某些有机物。

(1)硫化物和硫酸盐:硫酸盐和其他硫的氧化物很容易在厌氧消化过程中被还原成硫化物;可溶的硫化物达到一定浓度时,会对厌氧消化过程主要是产甲烷过程产生抑制作用;投加某些金属如Fe可以去除S^{2-},或从系统中吹脱H_2S可以减轻硫化物的抑制作用。

(2)氨氮:氨氮是厌氧消化的缓冲剂;但浓度过高,则会对厌氧消化过程产生毒害作用;抑制浓度为50~200 mg/L,但驯化后,适应能力会得到加强。

(3)重金属:使厌氧细菌的酶系统受到破坏。

(4)氰化物。

(5)有毒有机物。

(四)温度的控制

厌氧消化与其他生物处理工艺一样受温度影响很大。厌氧工艺有三个温度范围:低温发酵,温度范围为0~20 ℃;中温发酵,温度范围为20~42 ℃;高温发酵,温度范围为42~65 ℃。低温条件下,厌氧菌增长速度慢,反应器启动时间长;高温条件下,虽然反应器启动时间短,有机物去除率高,且可杀死部分致病虫卵,但一般废水很难达到所需的高温条件。对污水加热需消耗能量,不经济。故通常采用中温发酵。中温发酵的最优温度范围为30~40 ℃。当温度低于最优下限温度时,每下降1 ℃消化速率下降11%。

(五)碱度与挥发酸浓度的控制

1. 碱度

甲烷菌对pH值的变化十分敏感。通常来说,甲烷菌生长最适宜的pH值是6.8~7.2。

操作合理的反应器中的碱度一般应控制在2 000~4 000 mg/L,正常范围为1 000~5 000 mg/L。

2. 挥发酸(VFA)

反应器中挥发酸的安全浓度控制在2 000 mg/L(以HAc计)以内。当VFA的浓度小于200 mg/L时一般是最好的。一般而言,反应器的处理效率越高,缓冲能力越强,则所允许的VFA浓度也越高。

(六)沼气产量及其组分

当反应器运营稳定时,沼气中 CH_4 含量和 CO_2 含量也是基本稳定的。其中甲烷的含量一般为 65%~75%,二氧化碳的含量为 20%~30%。沼气中的氢(H_2)含量一般测不出,如其含量较多,则说明反应器的运营不正常。当沼气中含有硫化氢气体时,反应器将受到严重的抑制而使甲烷和二氧化碳的含量大大降低。

五、厌氧工艺运营与管理的安全要求

厌氧设备的运营管理很重要的问题是安全问题。沼气中的甲烷比空气轻,非常易燃,空气中甲烷含量为 5%~15%时,遇明火即发生爆炸。因此消化池、储气柜、沼气管道及其附属设备等沼气系统,都应绝对密封,无沼气漏出,并且不能使空气有进入沼气系统的可能,周围严禁明火和电气火花。所有电气设备应满足防爆要求。沼气中含有微量有毒的硫化氢,但低浓度的硫化氢就能被人们所察觉。硫化氢比空气密度大,必须预防它在低凹处积聚。沼气中的二氧化碳也比空气密度大,同样应防止在低凹处积聚,因为它虽然无毒,却能使人窒息。因此,凡需因出料或检修进入消化池之前,务必以新鲜空气彻底置换池内的消化气体,并做好持续的足量通风,才可进入。

厌氧生物处理如图 6.1 所示。

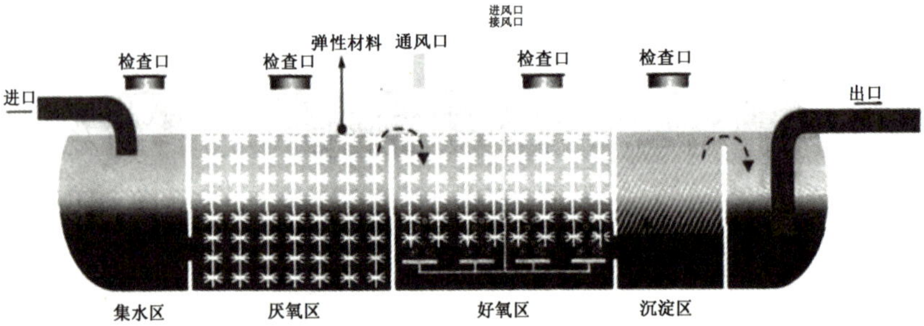

图 6.1　厌氧生物处理

课件

厌氧生物处理工艺运营与维护

评价

评一评

评价指标		评价主体		
一级指标	二级指标	学生自评	学生互评	教师评价
知识目标	了解厌氧生物处理系统原理			
	了解厌氧生物处理系统反应阶段			
	掌握厌氧生物处理的主要特征			
	掌握常见厌氧生物反应器特点			
能力目标	掌握厌氧生物外观系统的运营与管理原则			
	掌握厌氧生物处理系统常见问题及处理方法			
	掌握消化池运营过程中常见的异常现象和处理措施			
	掌握 UASB 反应器的运营与管理			
	掌握厌氧工艺运营与管理的安全要求			

总 结 反 思

项目7 污泥处理设施设备运营与维护

任务7.1 污泥处理系统基本知识

工单编号		姓名:	班级:
面向专业		学号:	学时:

教学目标

了解污泥处理系统必备知识点。

任务必备知识点

生物膜系统设施设备运营与维护知识要点

一、污泥处理概述

(一)污泥的来源

在工业废水和生活污水的处理过程中,产生的大量固体悬浮物质,是由有机残片、细菌菌体、无机颗粒、胶体等组成的极其复杂的非均质体。这些物质统称为污泥。污泥量通常占污水量体积的0.3%~0.5%,质量约为污水处理量的1%~2%。而污水效率的提高,会使污泥数量增加,对于深度处理,污泥量会增加0.5~1倍。

污泥的来源分为以下两大类。

(1)污水中早已存在的,如各种自然沉淀中截留的悬浮物。

(2)污水处理过程中形成的,如生物处理和化学处理过程中,由原来的溶解性物质和胶体物质转化而成的悬浮物质。城市污水厂的污泥主要有:栅渣、沉砂池沉渣、初次沉淀池污泥和二次沉淀池生物污泥等。栅渣呈垃圾状,沉砂池沉渣中密度较大的无机颗粒含量较高,所以这两者一般作为垃圾处置。初次沉淀池污泥还含有病原体和重金属化合物等。二次沉淀池污泥基本上是微生物机体,含水率高,数量多。这两者因富含有机物,容易腐化、破坏环境,必须妥善处置。

具体来看,污泥来自以下设施。

(1)栅渣:来自格栅或滤网,呈垃圾状,其含水率为70%~80%,量少,易处理和处置。

(2)浮渣:来自初次沉淀池和气浮池,可能多含油脂等,量少。

(3)沉渣:来自沉砂池,为密度较大的无机颗粒,量少。

(4)初沉污泥:来自初沉池。以无机物为主,数量较大,正常情况下为棕褐色略带灰色,当发生腐败时,则为灰色或黑色,一般情况下,有难闻的气味。当工业废水比例较大时,气味会有所降低。初沉污泥是污泥处理的主要对象。

(5)二沉污泥:剩余的活性污泥、有机物含水率高,易腐化发臭,难脱水,是污泥处理的主要对象。

(6)化学污泥:指混凝沉淀工艺中形成的污泥,除含有原废水中的悬浮物外,还含有化学药剂所产生的沉淀物。一般来说,化学污泥气味较小,且极易浓缩或脱水。由于其中有机分含量不高,所以一般不需要消化处理。

(二)污泥的分类

污泥的分类见表7.1.1。

表7.1.1 污泥的分类

<table>
<tr><th colspan="3">按成分不同分</th><th colspan="4">按来源不同分</th></tr>
<tr><th>名称</th><th>成分</th><th>性质</th><th colspan="2">名称</th><th>来源</th><th>性质</th></tr>
<tr><td rowspan="3">污泥</td><td rowspan="3">以有机物为主要成分的,如活性污泥和生物膜、厌氧消化处理后的消化污泥等,以及污水固相有机污染物沉淀后形成的污泥</td><td rowspan="3">易于腐化发臭,颗粒较细。相对密度较小(约为1.02~1.06)含水率高且不易脱水,属于胶状结构的亲水性物质。初次沉淀池和二次沉淀池的沉淀物均属污泥</td><td rowspan="3">生污泥或新鲜污泥</td><td>初次沉淀污泥</td><td>来自初次沉淀池</td><td>其性质随污水的成分而异</td></tr>
<tr><td>剩余活性污泥</td><td>来自活性污泥法的二次沉淀池</td><td></td></tr>
<tr><td>腐殖污泥</td><td>来自生物膜法的二次沉淀池</td><td></td></tr>
<tr><td rowspan="2">沉渣</td><td rowspan="2">以无机物为主要成分,如石灰中和沉淀、混凝沉淀和化学沉淀的沉淀物</td><td rowspan="2">颗粒较粗,相对密度较大(约为2),含水率低且易脱水,流动性差;沉砂池与某些工业废水处理沉淀池的沉淀物均属沉渣</td><td colspan="2">消化污泥</td><td>生物泥经厌氧消化或好氧消化处理后,为消化污泥或熟污泥</td><td></td></tr>
<tr><td colspan="2">化学污泥</td><td>用化学沉淀法处理污水后产生的沉淀物为化学污泥,也称作化学沉渣</td><td></td></tr>
</table>

（三）污泥的性质

污泥的性质指标主要有以下几种。

1. 含水率

污泥中所含水分的质量与污泥总质量之比的百分数称为污泥含水率。污泥的含水率一般较大，相对密度接近1。

2. 挥发性固体（灼烧减重）

近似等于有机物含量。

3. 灰分（灼烧残渣）

无机物含量，可以通过烘干、高温焚烧称重测得。

4. 可消化程度

污泥中可被消化处理的有机物数量。污泥中的有机物，一部分是可被无机化的，另一部分是不易或不能被无机化的。

5. 湿污泥密度

湿污泥质量（污泥中所含水分质量+干固体质量）与同体积水质量的比值。

6. 污泥肥分

污泥中含有的大量植物生长所必需的肥分（氮、磷、钾）、微量元素及土壤改良剂（有机腐殖质）。

7. 污泥重金属离子含量

污泥重金属离子含量决定城市污水中工业废水所占的比例及工业性质。当城市污水以生活污水为主时，重金属物质的含量一般都较低；当城市污水中含有较多工业废水时，重金属物质明显偏高。

（四）污泥处理的目标

（1）使污水处理厂能够正常运营，确保污水处理效果；

（2）使有毒有害物质得到妥善处理和利用；

（3）使容易腐化发臭的有机物得到稳定处理；

（4）使有用物质能够得到综合利用，变害为利。

（5）污泥处理的目的是使污泥减量、稳定、无害化及综合利用。

二、污泥处理的工艺

污泥处理的工艺一般有以下几种。

（一）以消化处理为主的工艺

（1）生污泥—浓缩—消化—自然干化—最终处理；

（2）生污泥—浓缩—消化—机械脱水—最终处理；

（3）生污泥—浓缩消化—最终处理。

消化过程产生的生物能即沼气，可作能源使用。

（二）以堆肥、农用的工艺

（1）生污泥—浓缩—自然干化—堆肥—最终处理；

（2）生污泥—湿污泥池—最终处理。

当附近有符合农用肥料条件及附近有农、林、牧或蔬菜基地时可考虑采用。

（三）干燥焚烧为主的工艺

生污泥—浓缩—自然干化—堆肥—最终处理。

当污泥不适合消化处理或不符合农用条件或受污水处理厂用地面积的限制等地区可考虑采用。

三、污泥的最终处置

污泥经过浓缩、稳定及脱水处理后，不仅体积大大减小，而且在一定程度上得到了稳定。但污泥作为污水处理过程中的副产物，还需考虑其最终去向，即最终处置。污泥最终处置的方法有综合利用、湿式氧化、焚烧等，也可以和城市垃圾一起填埋。

四、污泥的综合利用

污泥中含有各种营养物质及其他有价值的物质，因此综合利用是污泥最终处置的最佳选择。污泥综合利用的方法及途径随污泥的性质及利用价值而异。将处理后的污泥回用于农业、建筑及化工业等，变废为宝，化害为利，使之资源化。

污泥中含有许多有用物质，可通过以下几个方面加以利用。

（一）制造建筑材料

污泥焚烧后掺加黏土和硅砂制砖，或在活性污泥中加进木屑、玻璃纤维压制板材；以无机物为主要成分的沉渣，可用以填路和填坑。

（二）用作农肥和改良土壤

浓缩消化后的污泥，若其中重金属离子含量在容许范围内，可直接用于农作物。有机污泥中含有丰富的植物营养物质，如城市污泥中含氮约为2%~7%，磷1%~5%，钾0.1%~0.8%。消化污泥除钾的含量较少外，氮、磷含量与厩肥差不多。活性污泥的氮、磷含量为厩肥的4~5倍。此外，污泥中还含有硫、铁、钙、钠、镁、锌、铜等微量元素和丰富的有机物与腐殖质。用有机污泥施肥，既有良好的肥效，又能使土壤形成团粒结构，起到改良土壤的作用。但污泥用作农肥时，必须满足相关控制标准，以免造成污泥中重金属及其他有害物质在作物中富集。

（三）制取沼气

有机污泥经厌氧分解后产生的沼气可作能源之用。

（四）其他用途

污泥中的蛋白质用作饲料，或从中提取维生素B12、维生素A、维生素B1等化学药物。

从工业废水处理排除的泥渣中可以回收工业原料，例如，轧钢废水中的氧化铁皮，高炉煤气洗涤水和转炉烟气洗涤水的沉渣，均可作为烧结矿的原料；电镀废水的沉渣为各种贵金属、稀有金属或重金属的氢氧化物或硫化物，可通过电解还原或其他方法将其回收利用。许多无机污泥或泥渣可作为铺路、制砖、制纤维板和水泥的原料。

课件

污泥处理与处置

评价

评一评

评价指标		评价主体		
一级指标	二级指标	学生自评	学生互评	教师评价
知识目标	了解污泥的来源、分类、性质及处理的目标			
	了解污泥处理的工艺			
	了解污泥的最终处置			
	掌握污泥的综合利用			

总 结 反 思

任务 7.2　污泥浓缩设施设备运营与维护

工单编号		姓名：	班级：
面向专业		学号：	学时：

教学目标

(1)了解污泥浓缩设施设备运营与维护必备知识点；
(2)掌握污泥浓缩设施设备运营与维护技术要点。

任务必备知识点

污泥浓缩设施设备运营与维护知识要点

一、污泥浓缩概述

污泥处理系统产生的污泥，含水率很高，体积很大，输送处理或处置都不方便，污泥浓缩可使污泥初步减容，使其体积减小为原来的几分之一，从而为后续处理或处置带来方便。首先，经浓缩之后，可使污泥管的管径减小，输送泵的容量减小。浓缩之后采用消化工艺时，可减少消化池容积，并降低加热量；浓缩之后直接脱水，可减少脱水机台数，并降低污泥调质所需要的絮凝剂投加量。

污泥浓缩就是使污泥的含水率、污泥体积得到一定程度的降低，从而降低污泥后续处理设施的基本建设费用和运营费用。

二、常用污泥浓缩法

污泥浓缩使体积减小的原因是浓缩将污泥颗粒中的一部分水分从污泥中分离出来，从微观看，污泥中所含的水分包括空隙水(空隙水指存在于污泥颗粒之间的一部分游离水)约占污泥水分的70%，毛细水(污泥颗粒间的毛细管水)约占20%，颗粒的吸附水及颗粒内部水，约占10%，浓缩脱水的对象是颗粒间的空隙水。

污泥浓缩可将绝大部分空隙水从污泥中分离出来，浓缩作用不能将毛细水分离，毛细水分必须采用自然干化或机械脱水进行分离。吸附水是指吸附在污泥颗粒上的一部分水分，由于污泥颗粒小，具有较强的表面吸附能力，因而浓缩或脱水方法均难以使吸附水与污泥颗粒分离，内部水指的是颗粒内部的化学结合水，只有改变颗粒的内部结构，才可能将结合水分离，只有通过高温加热或焚烧等方法，才能将这两部分水分离出来。浓缩处理的工艺常用的有重力浓缩法、气浮浓缩法、离心浓缩法三种。

(一)重力浓缩法

1. 重力浓缩法原理

利用重力将污泥中的固体与水分离,使污泥的含水率降低的方法称为重力浓缩法,它适用于浓缩相对密度较大的污泥和沉渣,是使用最广泛和最简便的一种浓缩方法。重力浓缩法可以用于浓缩来自初次沉淀池污泥或来自初次沉淀池污泥和二次沉淀池的剩余污泥的混合污泥或初次沉淀池污泥与生物膜法二次沉淀池污泥的混合污泥,浓缩池也可直接浓缩来自曝气池的剩余污泥。其处理构筑物称为污泥浓缩池。

2. 重力浓缩池的运营方式

重力浓缩池的运营方式分为以下两种:

(1)间歇运营;

(2)连续运营。

(二)气浮浓缩法

1. 气浮浓缩法原理

气浮浓缩法原理是在一定温度下,空气在液体中的溶解度与空气受到的压力成正比,即服从亨利定律。当压力恢复到常压后,所溶空气即变成微细气泡从液体中释放出来。大量细微气泡附着在污泥颗粒的周围,可使颗粒密度减少而被强制上浮,达到浓缩的目的。因此,气浮法对于浓缩密度接近于水的、疏水的污泥尤其适用,对于浓缩时易发生污泥膨胀的、易发酵的剩余活性污泥,其效果尤为显著。目前,浓缩污泥最常用的方法是压力溶气气浮。

气浮浓缩法操作简便,运营中有一定臭味,动力费用高,对污泥沉降性能(SVI)敏感;适用于剩余污泥产量不大的活性污泥法处理系统,尤其是生物除磷系统的剩余污泥。气浮浓缩法在浓缩剩余活性污泥时,不需要任何化学助凝剂即可达到出泥含固率大于4%、出水(分离液)的 $SS \leq 100$ mg/L 的效果。

2. 气浮浓缩装置组成

气浮浓缩系统由加压溶气装置和气浮分离装置两部分组成。

(1)加压溶气装置

目前较常用的有“水泵-空压机式溶气系统”和“内循环式射流溶气系统”。溶气罐一般按加压水停留1~3 min设计,溶气效率为50%~90%,绝对压力采用 $2.5\times10^5 \sim 5\times10^5$ Pa。

(2)气浮分离装置

气浮分离装置(气浮浓缩池)有矩形的平流式和圆形的升流式两种。前者使用较多,其底部呈55°~60°的斗形,可以排除难以上浮而沉淀的污泥。当采用平底时,应考虑如何定期清除积存于底部的沉淀物。

据国外资料介绍,污泥在气浮浓缩池中的平均停留时间可短至3~5 min,国内建议不小于20 min。

由于污泥浓缩效果的优劣与污泥颗粒黏附微气泡的情况有关,在设计时,应选用合适的释放器,以获得高质量的微气泡,同时也应使减压后的溶气水与入流污泥在某一固定混合容器或管段内充分混合,以达到较好的污泥浓缩效果及降低溶气水量的目的。

(三)离心浓缩法

1. 离心浓缩法原理

离心浓缩法原理是利用污泥中固相、液相的密度不同,在高速旋转的离心机中受到不同的离心力而使两者分离,达到浓缩的目的。被分离的污泥和水分别由不同的通道导出机外。

离心浓缩机呈全封闭式,可连续工作。一般用于浓缩剩余活性污泥等难脱水物。污泥在机内停留时间只有约 3 min,出泥含固率可达 4%以上。由于工作效率高、占地面积小、卫生条件好等特点,离心浓缩法在国外利用较高,在国内也日益受到重视。离心浓缩法在浓缩剩余活性污泥时,为了取得较好的浓缩效果,得到较高的出泥含固率(>4%)和固体回收率(>90%),一般需要添加 PFS(聚合硫酸铁)、PAM(聚丙烯酰胺)等助凝剂。同时电耗很大,在达到相同的浓缩效果时,其电耗约为气浮法的 10 倍。离心机可分为转筒式、盘式、卧式离心机等。

2. 离心浓缩装置的种类及其特点。

用于污泥浓缩的离心装置和设备有:

(1)转盘式离心机;

(2)螺旋卸料离心机;

(3)筐式离心机。

任务实施

膜分离设施设备运营与维护技术要点

一、重力浓缩池的运营管理

(一)重力浓缩池的主要工艺参数

1. 间歇式重力浓缩池的主要工艺参数

间歇式重力浓缩池的主要工艺参数主要是浓缩时间,其数值最好经试验后确定。污泥若在浓缩池内的停留时间太短,会导致浓缩效果不好;若停留时间太长,不仅占地面积大,而且还可能使有机污泥出现厌氧状态而破坏浓缩过程。对于没有条件试验的场合,可按停留时间小于 24 h 来设计与控制运营,通常采用 9~12 h。

2. 连续流重力浓缩池的主要工艺参数

(1)固体负荷;

(2)浓缩时间;

(3)污泥含水率;

(4)有效水深;

(5)刮泥机外缘线速度。

(二)运营效果的检测评价

在浓缩池的运营管理中,应经常对浓缩效果进行评价,并随时予以调节。

在浓缩池的运营管理中，浓缩效果常用以下三个指标评价：

(1)浓缩比；

(2)固体回收率；

(3)分离率。

(三)日常维护技术要点

(1)浓缩池表面的浮渣应及时清除。

(2)初次沉淀池污泥与活性污泥混合浓缩时，应保证两种污泥混合均匀，否则进入浓缩池会由于密度流扰动污泥层，降低浓缩效果。

(3)温度较高，极易产生污泥厌氧上浮。当污水生化处理系统中产生污泥膨胀时，丝状菌会随活性污泥进入浓缩池，使污泥继续处于膨胀状态，致使无法进行浓缩。对于以上情况，可向浓缩池入流污泥中加入 Cl_2、$KMnO_4$、O_3、H_2O_2 等氧化剂，抑制剂可抑制微生物的活动，保证浓缩效果。同时，还应从污水处理系统中寻找膨胀原因，并予以排除。

(4)在浓缩池入流污泥中加入部分二次沉淀池出水，可以防止污泥厌氧上浮，提高浓缩效果，同时还能适当降低恶臭程度。

(5)浓缩池较长时间没排泥时，应先排空浓缩池，严禁直接开启污泥浓缩机。

(6)由于浓缩池容积小、热容量小，在寒冷地区的冬季浓缩池液面会出现结冰现象，此时应先破冰并使之溶化后，再开启污泥浓缩机。

(7)应定期检查上清液溢流堰的平整度，如不平整应予以调整，否则会导致池内流态不均匀，产生短路现象，降低浓缩效果。

(8)浓缩池是恶臭很严重的一个处理单元，因而应对池壁、浮边榴、出水堰等部位定期清刷，尽量降低恶臭。

(9)应定期(约每隔半年)排空，彻底检查是否积泥或积沙，并对水下部件予以防腐处理。

(四)常见异常问题、产生原因及解决对策表

常见异常问题、产生原因及解决对策见表7.2.1。

表7.2.1　常见异常问题、产生原因及解决对策

常见问题	原因	处理方法
污泥上浮。液面有小气泡逸出，且浮渣量增多	集泥不及时	可适当提高浓缩机的转速，从而加大污泥收集速度
	排泥不及时	排泥量太小或排泥历时太短。应加强运营调度，做到及时排泥
	进泥量太小，污泥在池内停留时间太长，导致污泥厌氧上浮	加 O_3 等氧化剂，抑制微生物活动；尽量减少投运池数，增加每池的进泥量，缩短停留时间
	初次沉淀池排泥不及时，污泥在初沉池内已经腐败	加强初沉池的排泥操作
排泥浓度太低，浓缩比太小	进泥量太大，使固体表面负荷 q 增大，超过了浓缩池的浓缩能力	应降低入流污泥

表 7.2.1(续)

常见问题	原因	处理方法
排泥浓度太低,浓缩比太小	排泥过快	当排泥量太大或一次性排泥太多时,排泥速率会超过浓缩速率,导致排泥中含有一些未完成浓缩的污泥。应降低排泥速率
	浓缩池内发生短流	能造成短流的原因有很多,溢流堰板不平整使污泥从堰板较低处短路流失,未经过浓缩,此时应对堰板予以调节。进泥口深度不合适,入流挡板或导流筒脱落。也可导致短流,此时可以改造或修复。另外,温度的突变、入流污泥含固量的突变或冲击式进泥,均可导致短流,应根据不同的原因予以处理

二、气浮浓缩法的运营管理

(一)运营中应注意的问题

1. 是否投加混凝剂的问题

活性污泥是絮凝体,在絮凝时能捕获和吸附气泡,达到气浮的效果。在溶气比、固体负荷、水力负荷、停留时间相同的条件下,投加混凝剂与不投加混凝剂,对浓缩污泥的固体浓度、固体回收率并无明显差别。因此,气浮浓缩不一定需要投加混凝剂,在实际运营中应通过实验效果及性价比分析确定。

2. 污泥膨胀的影响

气浮浓缩活性污泥时,也存在着污泥膨胀的问题。运营时,应该常测定 SVI 值,以指导气浮池的运营。污泥膨胀会影响气浮浓缩,当发现 SVI 值在不正常范围时,可采用应对污泥膨胀的措施来解决。

3. 刮泥周期的影响

一般情况下,刮泥周期越长,上浮污泥的固体浓度越将增加。上浮后的浓缩污泥是非常稳定的污泥层,即使停止进入溶气水或者再受到机械力(如刮风下雨)的作用,也不会破碎或下沉。气浮浓缩池污泥应及时刮除,每次刮泥量不宜太多,太多则可使污泥层底部的污泥带着水分上翻到表面,影响浓缩效果。

(二)异常现象分析及对策

1. 气浮污泥含固量太低

原因及对策:①刮泥周期太短;刮泥太勤,不能形成良好的污泥层。应降低刮泥频率,延长刮泥周期;②溶气量不足,导致气固比降低,因此气浮污泥的浓度也降低。应增大空压机的供气量,改善溶气不足情况;③入流污泥太大或浓度太高,超过了气浮浓缩能力,可通过降低进泥量解决。

三、主要控制指标

离心浓缩主要控制指标有：出泥含固率和固体回收率等。固体回收率即浓缩后污泥的固体总量与入流污泥中的固体总量的比值。固体回收率越高，分离液中 SS 的浓度则越低，泥水分离效果越好，浓缩效果也越好。离心浓缩的运营参数和效果如表 7.2.2 所示。

表 7.2.2　离心浓缩的运营参数和效果

污泥种类	离心机	Q_o/(L/s)	Ca/%	Cu/%	固体回收率/%	混凝剂量/(kg/t)
剩余活性污泥	转盘式	9.5	0.75~1.0	5.0~5.5	90	不用
剩余活性污泥	转盘式	25.3	—	4.0	80	不用
剩余活性污泥（经粗滤以后）	转盘式	3.2~5.1	0.7	5.0~7.0	93~87	不用
剩余活性污泥（经粗滤以后）	转盘式	3.8~17.1	0.7	6.1	97~80	不用
剩余活性污泥	篮式	2.1~4.4	0.7	9.0~10	90~70	不用
		0.63~0.76	1.5	9~13	90	不用
		4.75~6.30	0.44~0.78	5~7	90~80	不用
剩余活性污泥	转筒式	6.9~10.1	0.5~0.7	5~8	65	不用
					85	少于 2.62
					90	2.62~4.54
					95	4.54~6.8

注：表中 Q_o 为容量，Ca 为供给污泥固体重量分数，Cu 为浓缩污泥固体质量分数。

课件

污泥浓缩设施设备运营与维护

评价

评一评

评价指标		评价主体		
一级指标	二级指标	学生自评	学生互评	教师评价
知识目标	了解污泥浓缩的定义			
	了解常用污泥浓缩法的原理			
	掌握常用污泥浓缩法的运营方式			
能力目标	掌握重力浓缩池的运维要点			
	掌握气浮浓缩法的运维要点			

总结反思

任务7.3　污泥消化设施设备运营与维护

工单编号		姓名：	班级：
面向专业		学号：	学时：

教学目标

(1)了解污泥消化设施设备运营与维护必备知识点；
(2)掌握污泥消化设施设备运营与维护技术要点。

任务必备知识点

污泥消化设施设备运营与维护知识要点

一、污泥消化的概念

污泥厌氧消化是一种使污泥达到稳定状态的非常有效的处理方法，厌氧消化是利用兼性菌和厌氧菌进行厌氧生化反应，分解污泥中的有机物质的一种污泥处理工艺。经过厌氧消化处理过的污泥，物理性更强，及时遇水也不会轻易溶解再次形成污泥。

污泥消化的目的是利用微生物的代谢作用，使污泥中的有机物质稳定化，减少污泥体积，降低污泥中病原体数量。当污泥中的挥发固体含量降低到40%以下时，即可认为已达到稳定化。

二、厌氧消化的原理和功能

厌氧消化法的类型及特点是利用兼性菌和厌氧菌进行厌氧生化反应，分解污泥中有机物质的一种污泥处理工艺。

三、污泥厌氧消化法的分类

(1)低负荷消化法；
(2)高负荷消化法；
(3)两相消化法。

四、厌氧消化系统的组成

污泥厌氧消化系统由以下五部分组成：

(1)消化池;

(2)进排泥系统;

(3)搅拌系统;

(4)加热系统;

(5)集气系统。

五、影响污泥消化的主要因素

(一)温度

根据不同的温度可以将消化分为三个类型:①低温发酵,消化温度为 5 ℃~15 ℃;②中温发酵,温度为 30 ℃~35 ℃;③高温发酵,温度为 50 ℃~55 ℃。

温度的高低决定消化过程的快慢,如在高温下只要 10 d 即能完成消化过程,在中温条件下就需要延长至 20~30 d,而当温度降至约 10 ℃时,消化过程则需要 3~4 个月。

温度的高低对产气量也有一定的影响,高温发酵的产气量比中温发酵略有增加。高温发酵几乎能杀灭所有的病原菌和寄生虫卵,而中温发酵却只能杀灭其中的一部分。

(二)酸碱度

甲烷菌生长的最适 pH 值范围为 6.8~7.2,如 pH 值低于 6 或高于 8,其生长将受到影响。产酸细菌对酸碱度不如甲烷菌敏感,其适宜 pH 值比较广,在 4.5~8。由于污泥消化时有机物的酸性发酵和碱性发酵在同一构筑物内进行,为了维持产生的酸和甲烷的平衡,避免产生过多的酸,应保持消化池内的 pH 值在 6.5~7.5,最好是在 6.8~7.2。实际的运营中,挥发酸的控制较 pH 值更为重要,当酸量累积到足以降低 pH 值时,消化效果显著下降。正常运营的消化池中挥发性酸(以醋酸计)一般控制在 200~800 mg/L,若超出 2 000 mg/L,产气量将迅速下降,甚至停止产气,因为 pH 值的下降会抑制甲烷菌的生长。消化池污泥中含有重碳酸盐(HCO_3)和碳酸(H_2CO_3),具有缓冲作用。碳酸与池中二氧化碳的含量有关,而 HCO 则与系统中碱度有关。对大多数废水,其重碳酸盐等于总碱度。

(三)搅拌

搅拌可以缩短消化时间,在一定程度上提高产气量。

当池内没有搅拌设备时,污泥有分层现象,池底部分容积主要用于贮存和浓缩熟泥,微生物与有机物不能充分接触。虽然排出熟污泥的含水率较低,但消化时间长,池容大。

对完全混合消化池,生污泥连续或频繁地投入,并采用强烈的搅拌使池内污泥保持混合状态,从池内排出的则是被进入消化池污泥所取代的混合液。温度通常保持在中温的最佳范围。

任务实施

污泥消化设施设备运营与维护技术要点

一、消化池的运营与管理原则

(1)微生物的管理。厌氧消化过程是在密闭厌氧条件下进行的,微生物在这种条件下生存不能像好氧处理中作为指标生物的各种生物那样,依靠镜检来判断污泥的活性。只能采用反应微生物代谢影响的指标间接判断微生物活性,与活性污泥好氧处理系统相比,污泥厌氧消化系统对工艺条件及环境因素的变化,反应更敏感。为了掌握消化池的运转正常,应当及时监测、化验上述要求的每日瞬时监测、化验指标,如温度、pH 值、沼气产量、泥位、压力、含水率、沼气中的组分等。根据需要快速做出调整,避免引起大的损失。

(2)对于日常运营状况、处理措施、设备运营状况都要求做出书面记录,为下一班次提供运营数据,并做好报表向上一级管理层报告,提供工艺调整数据。

(3)经常检测、巡视污泥管道、沼气管道和各种阀门,防止其堵塞、漏气或失效。日常利用高压水对可能有堵塞管道上设置的活动清洗口进行冲洗。对于阀门除应按时上润滑油脂外,还应对常闭闸门、常开闸门定时活动,检验其是否能正常工作。有严重问题时也需要停运处理或更换。

(4)定期检验压力、保险阀、仪表、报警装置。

(5)定期检查并维护搅拌系统。沼气搅拌主管常有被污泥及其他污物堵塞的现象,可以将其余主管关闭,使用大气量冲吹被堵塞管道。

二、污泥厌氧消化池的运营参数

污泥厌氧消化池的运行参数见表 7.3.1。

表 7.3.1　污泥厌氧消化池的运营参数

序号	项目		污泥厌氧中温消化池	污泥厌氧高温消化池
1	温度/℃		33~35	52~55
2	日温度变化范围小于/℃		±1	
3	投配率/%		5~8	5~12
4	消化池(一级)污泥含水率/%	进泥	96~97	
		出泥	97~98	
	消化池(二级)污泥含水率/%	出泥	95~96	
5	pH 值		6.4~7.8	

表 7.3.1(续)

序号	项目	污泥厌氧中温消化池	污泥厌氧高温消化池
6	沼气中主要气体成分/%	$CH_4>50$	
		$CO_2<40$	
		$CO<10$	
		$HS<1$	
		$O_2<2$	
7	产气率 m^3 气/m^3 泥	>5	
8	有机物分解率/%	>40	

三、污泥厌氧消化池的日常维护

(1)应按一定的投配率依次、均匀地投加新鲜污泥,并应定时排放消化污泥。

(2)新鲜污泥投加到消化池,应充分搅拌、保证池内污泥浓度混合均匀,并应保持消化温度稳定。

(3)对池外加温且为循环搅拌的消化池,投泥和循环搅拌宜同时进行。

(4)对采用沼气搅拌的消化池,在产气量不足或在消化池启动期间,应采取辅助措施进行搅拌。

(5)对采用机械搅拌的消化池,在运营期间应监控搅拌器电机的电流变化。

(6)应定期检测池内污泥的 pH 值、脂肪酸、总碱度,进行沼气成分的测定,并应根据监测数据调整消化池运营工况。

(7)应保持消化池单池的进、排泥的泥量平衡。

(8)应定期检查静压排泥管的通畅情况。

(9)宜定期排放二级消化池的上清液。

(10)应定期检查二级消化池上清液管的通畅情况。

(11)应每日巡视并记录消化池内的温度、压力和液位。

(12)应定期检查沼气管线冷凝水的排放情况。

(13)应定期检查消化池及其附属沼气管线的气体密闭情况,并应及时处理发现的问题。

(14)应定期检查消化池污泥的安全溢流装置。

(15)应定期校核消化池内监测温度、压力和液位等的各种仪表。

(16)应定期检查和校验沼气系统中的压力安全阀。

(17)当消化池热交换器长期停止使用时,应关闭通往消化池的相关闸阀,并应将热交换器中的污泥放空、清洗。螺旋板式热交换器宜每 6 个月清洗一次,套管式热交换器宜每年清洗 1 次。

(18)连续运营的消化池,宜 3~5 年彻底清池、检修 1 次。

(19)投泥泵房、阀室应设置可燃气体报警仪,并应定期维修和校验。

(20)消化池顶部应设置避雷针,并应定期检查遥测。

(21)空消化池投泥前,气相空间应进行氮气置换。

四、消化池的异常问题分析及排除

(一)VFA(挥发性有机酸)/ALK(碱度)升高

VFA(挥发性有机酸)/ALK(碱度)升高原因如下:

(1)水力超负荷;

(2)有机物投配超负荷;

(3)搅拌效果不好;

(4)温度波动太大;

(5)存在毒物。

(二)产气量降低

产气量降低的原因如下:

(1)有机物投配负荷太低;

(2)甲烷菌活性降低。

(三)消化池气相出现负压,空气自真空安全阀进入消化池

消化池气相出现负压,空气自真空安全阀进入消化池的原因如下:

(1)排泥量大于进泥量;

(2)压缩机的出气管路出现泄漏;

(3)碱性药剂投加过量;

(4)抽气量大于产气量。

(四)消化池气相压力增大,自压力安全阀逸入大气

消化池气相压力增大,自压力安全阀逸入大气的原因如下:

(1)产气量大于用气量;

(2)沼气管路阻力增大;

(3)消化池液位升高。

(五)消化池排放的上清液含固量升高,水质下降,同时还使排泥浓度降低

消化池排放的上清液含固量升高,水质下降,同时还使排泥浓度降低的原因如下:

(1)上清液排放量太大;

(2)进入的污泥会发生短路。

(六)消化液的温度下降,消化效果降低

消化液的温度下降,消化效果降低的原因如下:

(1)蒸汽或热水量供应不足;

(2)投泥次数太少;

(3)混合搅拌不均匀。

课件

污泥消化设施设备的运营与维护

评价

评一评

评价指标		评价主体		
一级指标	二级指标	学生自评	学生互评	教师评价
知识目标	了解污泥消化的概念			
	了解常用污泥消化的原理、分类与组成			
	掌握常用污泥消化的影响因素			
能力目标	掌握污泥消化池运营与管理原则			
	掌握消化池的运营参数			
	掌握消化池的异常问题及解决方法			

总 结 反 思

任务 7.4 污泥脱水设施设备运营与维护

工单编号		姓名：	班级：
面向专业		学号：	学时：

教学目标

(1)了解污泥脱水设施设备运营与维护必备知识点；
(2)掌握污泥脱水设施设备运营与维护技术要点。

任务必备知识点

污泥脱水设施设备运营与维护知识要点

一、污泥脱水的概念

污泥经浓缩、消化后，尚有约95%～97%的含水率，体积仍很大。为了综合利用和最终处置，需进一步将污泥减量，进行干化及脱水处理。两者对脱除污泥的水分，具有同等的效果。

二、污泥的干化和脱水方法

污泥的干化和脱水方法主要有自然干化、机械脱水等。

(一)污泥的自然干化

污泥的自然干化是利用自然下渗和蒸发作用脱除污泥中的水分，其主要构筑物是干化场。

(二)污泥的机械脱水

污泥的机械脱水即利用机械设备脱除污泥中的水分。污泥的机械脱水原理是以过滤介质(多孔性材质)两面的压力差作为推动力，使污泥中的水分强制通过过滤介质(称滤液)，固体颗粒被截留在介质上(即滤饼)，从而达到脱水的目的。污泥的机械脱水有真空吸滤法、压滤法和离心法等。

(三)常用的机械脱水设备

评价机械脱水设备性能好坏的指标有产率和固体回收率。单位时间(h)为单位面积(m^2)所能提供的一定含水率的污泥的量(kg)称为产率[$kg/(h\cdot m^2)$]。脱水后泥饼中的固体量占脱水前污泥中固体量的比例称为固体回收率。

压滤也是一种常用的机械脱水方法，它的推动力是由正压和大气压之差造成的。压滤机的脱水工艺是在高压下使水从污泥中挤出。

常用的污泥压滤机主要有以下两种：

①板框压滤机；

②带式压滤机。

任务实施

污泥脱水设施设备运营与维护技术要点

一、机械脱水工艺控制的基本要求

在实际运营中，应根据进泥泥质的变化，随时调整脱水机的工作状态。

机械脱水工艺控制主要包括：

(1)带速的控制；

(2)滤带张力的控制；

(3)调理效果的控制。

二、浓缩脱水运营与维护的技术要点

(1)应根据污泥的理化性质，通过试验，选择合适的絮凝剂，并应确定最佳投加量。带式脱水机还应选择合适的滤布。

(2)应及时调整带式浓缩机、带式脱水机絮凝剂投加量、进泥量、带速、滤布张力和污泥分布板，使滤布上的污泥分布均匀，控制污泥含水率，滤液含固率应小于10%。

(3)应巡视检查带式脱水机反冲洗水系统、滤布纠偏系统和投药系统，当发现异常时，应及时维修。

(4)应及时调整离心浓缩机、离心脱水机絮凝剂投加量、进泥量、扭矩和差速，控制污泥含水率，滤液含固率应小于5%。

(5)停机前应先关闭进泥泵、加药泵；停机后应间隔30 min，方可再次启动。

(6)应定期清理破碎机清淘系统，经常检查破碎机刀片磨损程度并及时更换。

(7)各种污泥浓缩、脱水设备脱水工作完成后，都应立即将设备冲洗干净，带式脱水机应将滤布冲洗干净。

(8)污泥脱水机械带负荷运营前，应空载运转数分钟。

(9)应经常清洗溶药系统，防止药液堵塞；在溶药池边工作时，应注意防滑，同时应将撒落在池边、地面的药剂清理干净。

(10)应保持机房内通风良好。

(11)浓缩机投药量(干药/干泥)应控制在2~4 kg/t；脱水机投药量(干药/干泥)应控制在3~5 kg/t。脱水后污泥含水率应小于80%。

三、带式压滤机的日常维护与管理技术要点

(1)注意时常观察滤带的损坏情况,并及时更换新滤带。

滤带的使用寿命一般为3 000~10 000 h,如果滤带过早被损坏,应分析原因。滤带的损坏常表现为撕裂、腐蚀或老化。滤带的材质或尺寸不合理、滤带的接缝不合理、滚压筒不整齐、张力不均匀、纠偏系统不灵敏均会导致滤带被损坏,应予以及时排除。

(2)每天应保证足够的滤布冲洗时间。

脱水机停止工作后,必须立即冲洗滤带,不能过后冲洗。另外,还应定期对脱水机周身及内部进行彻底清洗,以保证清洁,降低恶臭。

(3)按照脱水机的要求,定期进行机械检修维护。例如,按时加润滑油,及时更换易损件等。

(4)脱水机房内的恶臭气体,除影响身体健康外,还腐蚀设备。因此脱水机易腐蚀部分应定期进行防腐处理,加强室内通风。增大换气次数,也能有效地降低腐蚀程度。如有条件,应对恶臭气体封闭收集,并进行处理。

(5)应定期分析滤液的水质,有时通过滤液水质的变化,能判断脱水效果是否降低。

(6)正常情况下,滤液水质应在以下范围:SS=200~1 000 mg/L; BOD5=200~800 mg/L。如果水质恶化,则说明脱水效果降低,应分析原因。

(7)分析测量及记录。

每班应监测分析以下指标:进泥量及含固率;泥饼的产量及含固率;滤液的流量及水质(SS、BOD_5、TN、TP可每天一次);絮凝剂的投加量;冲洗水水量及冲洗后水质、冲洗次数和每次冲洗历时。还应计算或测量以下指标:滤带张力、带速、固体回收率、干污泥投药量、进泥固体负荷。

课件

污泥脱水设施设备运营与维护

评价

评一评

评价指标		评价主体		
一级指标	二级指标	学生自评	学生互评	教师评价
知识目标	了解污泥脱水的概念			
	了解常用污泥的干化和脱水方法			
	掌握常用污泥脱水的设备			
能力目标	掌握污泥脱水设施设备的工艺控制的基本要求			
	掌握浓缩脱水运营与维护的技术要点			
	掌握带式压滤机的日常维护与管理技术要点			

总 结 反 思

项目 8　水处理附属设施设备运营与维护

任务 8.1　管道运营与维护

工单编号		姓名：	班级：
面向专业		学号：	学时：

教学目标

(1)了解管道运营与维护必备知识点；
(2)掌握管道运营与维护技术要点。

任务必备知识点

管道运营与维护知识要点

一、管道的材料

在管道工程中，常用的管材种类很多，可分为金属管、非金属管和衬里管三大类。

(一)金属管

金属管在管路中应用极为广泛，现将常用金属管介绍如下。

1. 钢管

钢管分为有缝钢管和无缝钢管两大类。

(1)有缝钢管又称为焊接钢管，可分为低压流体输送钢管和电焊钢管两类。低压流体输送钢管是由扁钢管坯卷成管形并沿缝焊接而成的，因为它常用来输送水和煤气，故俗称为水煤气管。水煤气管可分为镀锌的和不镀锌的，普通的和加厚的，带螺纹的和不带螺纹的等类型。

水煤气钢管广泛应用在小直径的低压管路上，如给水、煤气、暖气、压缩空气、蒸汽、凝结水、废气、真空及某些物料管路。普通钢管正常工作压力不大于 0.6 MPa(表压)，加厚钢管正常工作压力不大于1 MPa(表压)。

电焊钢管是由软钢板条卷成管形后焊接而成的钢管,分直焊缝和螺旋焊缝两种类型。

直焊缝的电焊钢管,又可分为小直径电焊钢管和大直径电焊钢管两类。

(2)无缝钢管是由圆钢坯加热后,经穿管机穿孔轧制(热轧)而成的或者再经过冷拔而成为外径较小的管子,因为它没有接缝,所以称为无缝钢管。

无缝钢管按照制造方法的不同,又分为热轧无缝钢管和冷拔无缝钢管两类。

无缝钢管强度高,可用在重要管路上,如高压蒸汽和过热蒸汽的管路、高压水和过热水管路、高压气体和液体管路以及输送燃烧性、爆炸性和有毒害性的物料管路等。

2. 铸铁管

铸铁管分为普通铸铁管和硅铁管两类。

(1)普通铸铁管一般用灰口铁铸造,耐蚀性好,但质脆,不抗冲击。常用于埋地给水管道、煤气管道和室内排水管道。

(2)硅铁管可分为高硅铁管和抗氯硅铁管两种。高硅铁管能抵抗多种强酸的腐蚀。

3. 紫铜管和黄铜管

紫铜管和黄铜管都是拔制或挤制而成的无缝管,主要用于制造换热设备、制氧设备中的低温管路以及机械设备中的油管和控制系统的管路。

紫铜管和黄铜管可以采用焊接连接、法兰连接和螺纹连接。

4. 铝管

铝管是拔制而成的无缝钢管,它主要用来输送浓硝酸、醋酸、甲酸及其他介质。铝管的连接采用焊接连接和法兰连接。

5. 铅管

铅管对硫酸具有良好的耐蚀性,因此广泛应用于硫酸工业中,但由于铅管有强度低、密度大、抗热性能差等缺点,故近来已逐渐被各种耐酸合金管与塑料管所代替。

铅管的连接可采用焊接连接和法兰连接。

(二)非金属管

非金属管在化工管路系统中占有特别重要的地位,它有逐渐代替金属管的趋势。现将几种常用非金属管介绍如下。

1. 陶瓷管

陶瓷管的化学耐腐蚀性很好。陶瓷管可用来输送工作压力为0.2 MPa及温度在150°以下的腐蚀性介质。

陶瓷管可分为两端有凸肩的和承插式两种,前者采用活套法兰连接,后者采用承插式连接。

2. 玻璃管

玻璃管的化学耐腐蚀性很好,除氢氟酸、含氟磷酸、热的浓磷酸以及浓碱液外,对大多数酸类、稀碱液及有机溶剂等均耐腐蚀。用于制造化工管路的玻璃管,有热稳定性与耐腐蚀性能良好的硼玻璃管和不透明的石英玻璃管两种。

玻璃管可以采用承插式、活套法兰和套筒式的连接方式。

3. 塑料管

塑料管质量轻、耐腐蚀性能好,广泛用于排水和煤气管道。

(1)硬聚氯乙烯塑料管

硬聚氯乙烯塑料是用聚氯乙烯树脂加入稳定剂、润滑剂等材料制成的,它能抵抗任何浓度的各种酸类、碱类和盐类的腐蚀,但不能抵抗强氧化剂(如浓硝酸、发烟硫酸等)以及芳香族碳氢化合物和氯化碳氢化合物的作用。

硬聚氯乙烯塑料管的连接有焊接和法兰连接两种形式。

(2)酚甲醛塑料管

酚甲醛塑料能抵抗多种酸类(硝酸、铬酸和浓度在50%以下的硫酸)的作用。主要用来输送酸性介质,最高温度为120 ℃。酚醛塑料管的管端都带有凸肩,可用活套法连接。

(3)聚乙烯和尼龙塑料管

聚乙烯和尼龙塑料管应用于煤气管道系统中埋地管道部分。聚乙烯塑料管的连接方式为电熔焊(管件本身有发热元件)、对接焊和热熔承插焊。

尼龙塑料管的连接方式是采用管件和专用黏结剂连接。将溶剂涂入管材和管件接触面并溶解表面,然后蒸发,从而产生永久的高强度密闭接口。

聚乙烯和尼龙塑料管与金属管相比具有抗震性好、连接严密、经济和安装方便等优点。它们的缺点是伯紫外线照射,不能见光,所以只能作为埋地管道使用。

(4)玻璃钢管

玻璃钢管是以玻璃纤维制品(玻璃布、玻璃带、玻璃毡)为增强材料,以合成树脂为黏结剂,经过一定的成型工艺制作而成。玻璃钢管集中了玻璃纤维和合成树脂的优点,具有密度小、强度高、耐高温、耐腐蚀、绝缘、隔音、隔热等性能,广泛用于化学工业管道系统中。

玻璃钢管的连接方式有法兰连接和承插连接两种。

(5)橡胶管

橡胶管是用天然或人造生橡胶与填料(炭黑、白土等)的混合物,经加热硫化后制成的挠性管。橡胶管能抵抗多种酸碱液,但不能抵抗硝酸、有机酸和石油产品。橡胶管只能用作临时性管路及某些管路的挠性连接件,不得作为永久性的管路。

(6)不透性石墨管

石墨可分为天然石墨和人造石墨两种。目前大多以人造石墨(如电极石墨)为主。用不透性石墨制造的管子称为不透性石墨管。不透性石墨管化学性质稳定,线膨胀系数小,导热性好,不污染介质,因而能耐酸碱腐蚀,耐温度急变,并能保证产品的纯度,所以在盐酸、硝酸、硫酸、制碱工业中得到广泛的应用。

(7)混凝土管和钢筋混凝土管

混凝土管和钢筋混凝土管可在专门的工厂预制,也可在现场浇制。混凝土管和钢筋混凝土管有三种形式:承插式、企口式和平口式。

混凝土管和钢筋混凝土管除用作一般自流排水管道外,钢筋混凝土管也可用作泵站的压力管及倒虹管。它们的主要缺点是抗酸、碱侵蚀及抗渗性能较差,管节短,接头多,施工复杂。在地震强度大于8度的地区及饱和松砂、淤泥土质、冲填土、杂填土的地区不宜敷设。

另外，大管径自重大，搬运不方便。

（三）衬里管

凡是有衬里的管子，统称为衬里管。一般在碳钢管和铸铁管内衬里。作为衬里的材料很多，属于金属的有铅、铝和不锈钢等，属于非金属的有搪瓷、玻璃、塑料和橡胶等。衬里管可用于输送各种不同的腐蚀性介质，大大节省贵重金属，降低了工程费用，获得广泛的应用。

1. 衬橡胶管

衬橡胶管的基体一般为碳钢、铸铁，铸铁不应有砂眼、缩孔等缺陷。衬层有硬橡胶（如2169）、半硬橡胶（如1751）、软橡胶（如1976）等。将衬层以黏结剂黏合在钢管的内壁上，再加以硫化即成为衬胶管。衬胶管没有统一标准，一般按图纸要求制造。

2. 衬玻璃管

衬玻璃管不仅具有优良的耐腐蚀性、耐磨性、光洁性，并克服了玻璃的脆性，提高了机械强度和耐温急变性能，同时制造简单，使用方便，成本较低，有着广泛的发展前途。

衬玻璃管按其生产工艺可分为吹制法衬玻璃管和膨胀法衬玻璃管两种。

3. 搪瓷管

化工搪瓷管是由含硅量高的瓷釉通过约900 龙的高温燃烧，使瓷釉密着于金属管表面而制成的。由于搪瓷层对金属的保护（瓷釉厚度一般为0.8~1.5 mm），搪瓷具有优良的耐腐蚀性能和机械性能，并能防止某些介质与金属离子起作用而引起的污染，所以在石油、化工生产中，尤其是在医药、农药、合成纤维生产中得到广泛的应用。

4. 渗铝钢管

在低碳钢管表面渗铝或热浸镀铝后，便成渗铝钢管，这样可大大提高钢材的耐热抗氧化性能和对某些介质的耐腐蚀性能，减少或防止产品中铁屑的夹杂。所以在化工生产中得到了广泛的应用。

5. 塑料涂层钢管

将各种耐腐蚀的塑料以涂层的方法衬在钢管的表面，称塑料涂层管。常用的涂层有聚三氟乙烯、氯化聚氯乙烯等。

6. 衬铅管

根据钢管的内径，并考虑铅板厚度及施衬时所需要的间隙，计算出铅板的展开宽度，然后按展开宽度下好料，将料板卷制成铅管，焊好缝，用刮刀刮平，其焊道不能过高；将铅管仔细打圆，套入钢管内，即成为衬铅管。

二、管道的规格

管道的规格一般是这样表示的：对于无缝钢管和直缝卷制电焊钢管，用外径 x 壁厚表示；例如，外径为108 mm，壁厚为4 mm的无缝钢管表示为$\varphi108\times4$；外径为377 mm，壁厚为9 mm的直缝卷制电焊钢管表示为377×9。

对于低压流体输送钢管（俗称水煤气管），一般用它们的公称直径来表示，例如，对于公称直径为 50 mm 的水、煤气管表示为水、煤管 DN500 对于铸铁管一般也用它们的公称直径来表示,铸铁管公称直径与内径数值相等。例如,对于公称直径为 100 mm 的铸铁管表示为 DN100。

任务实施

管道运营与维护技术要点

目前管道工程常用的连接方式有螺纹(丝扣)连接、法兰连接、焊接连接、承插连接等形式。

一、螺纹(丝扣)连接(镀锌钢管、衬塑镀锌钢管)

(一)适用范围

螺纹连接(图 8.1.1)用于低压流体输送用焊接钢管及外径可以攻螺纹的无缝钢管的连接,一般公称通径在 150 mm 以下,工作压力在 1.6 MPa 以下。其适用范围如下。

(1)给水管道:工作压力不超过 1.6 MPa,最大公称通径 150 mm;

(2)热水管道:工作压力不超过 1.6 MPa,最大公称通径 150 mm,温度不超过 100 ℃;

(3)饱和蒸汽管道:工作压力不超过 0.2 MPa,最大公称通径 50 mm;

(4)煤气管道:工作压力不超过 0.05 MPa,最大公称通径 10 mm;

(5)压缩空气管道:工作压力不超过 0.6 MPa,最大公称通径 50 mm;

(6)氧气管道:工作压力不超过 0.66 MPa,最大公称通径 50 mm。

图 8.1.1　螺纹连接

(二)螺纹连接操作过程

管道螺纹的加工也称套丝,有手工套丝和机械套丝两种方法。手工套丝使用管子绞板套出螺纹,使用时应选择与管子规格相应的板牙,在套丝过程中应向丝扣上加机油润滑,使丝扣和板牙保持润滑和冷却,保证螺纹表面粗糙度和防止烂牙。

管道丝扣链接的操作过程如下。

(1)断管:根据现场测绘草图,在选好的管材上画线,按线断管。

①用砂轮锯断管,应将管材放在砂轮锯卡钳上,对准画线卡牢,进行断管。断管时压手柄用力要均匀,不要用力过猛,断管后要将管口断面的铁膜、毛刺清除干净。

②用手锯断管,应将管材固定在压力案的压力钳内,将锯条对准画线,双手推锯,锯条要保持与管的轴线垂直,推拉锯用力要均匀,锯口要锯到底,不许扭断或折断,以防管口断面变形。

(2)套丝:将断好的管材,按管径尺寸分次套制丝扣,一般以管径 15~32 mm 者套丝 2 次,40~50 mm 者套丝 3 次,70 mm 以上者套丝 3~4 次为宜。

①用套丝机套丝,将管材夹在套丝机卡盘上,留出适当长度将卡盘夹紧,对准板套号码,上好板牙,按管径对好刻度的适当位置,紧住固定扳机,将润滑剂管对准丝头,开机推板,待丝扣套到适当长度,轻轻松开扳机。

②用手工套丝板套丝,先松开固定扳机,将套丝板板盘退到零度,按顺序号上好板牙,把板盘对准所需刻度,拧紧固定扳机,将管材放在压力案压力钳内,留出适当长度卡紧,将套丝板轻轻套入管材,使其松紧适度,而后两手推套丝板,带上 2~3 扣,再站到侧面扳套丝板,用力要均匀,待丝扣即将套成时,轻轻松开扳机,开机退板,保持丝扣应有锥度。

(3)配装管件:根据现场测绘草图将已套好丝扣的管材,配装管件。

①配装管件时应将所需管件带入管丝扣,试试松紧度(一般用手带入 3 扣为宜),在丝扣处涂铅油、缠麻后带入管件,然后用管钳将管件拧紧,使丝扣外露 2~3 扣,去掉麻头,擦净铅油,编号放到适当位置等待调直。

②根据配装管件的管径的大小选用适当的管钳。

(4)管段调直:将已装好管件的管段,在安装前进行调直。

①在装好管件的管段丝扣处涂铅油,连接两段或数段,连接时不能只顾预留口方向而要照顾到管材的弯曲度,相互找正后再将预留口方向转到合适部位并保持正直。

②管段连接后,调直前必须按设计图纸核对其管径、预留口方向、变径部位是否正确。

③管段调直要放在调管架上或调管平台上,一般两人操作为宜,一人在管段端头目测,另一人在弯曲处用手锤敲打,边敲打,边观测,直至调直管段无弯曲为止,并在两管段连接点处标注印记,卸下一段或数段,再接上另一段或数段直至调完为止。

④对于管段连接点处的弯曲过死或直径较大的管道可采用烘炉或气焊加热到 600 ℃~800 ℃(火红色)时,放在管架上将管道不停地转动,利用管道自重使其平直,或用木版垫在加热处用锤轻击调直,调直后在冷却前要不停地转动,等温度将到适当时在加热处涂抹机油。凡是经过加热调直的丝扣,必须标注印记,卸下来重新涂铅油缠麻,再将管段对准印记拧紧。

⑤配装好阀门的管段,调直时应先将阀门盖卸下来,将阀门处垫实再敲打,以防震裂阀体。

⑥镀锌碳素钢管不允许用加热法调直。

⑦管段调直时不允许损坏管段。

二、法兰连接(需要拆卸、与设备阀门等连接)

法兰连接(图8.1.2)是将垫片放入一对固定在两个管口上的法兰的中间,用螺栓拉紧使其紧密结合起来的一种可拆卸的接头。

图8.1.12　法兰连接

凡管段与管段采用法兰盘连接或管段与法兰阀门连接者,必须按照设计要求和工作压力选用标准法兰盘。法兰盘的连接螺栓直径、长度应符合规范要求,紧固法兰盘螺栓时要对称拧紧,紧固好的螺栓外露丝扣应为2~3扣,不宜大于螺栓直径的1/2。法兰盘连接衬垫,一般给水(冷水)采用厚度为3 mm的橡胶垫,供热、蒸汽、生活热水管道应采用厚度为3 mm的石棉橡胶垫。垫片要与管径同心,不得放偏。

(一)法兰种类

按法兰与管子的固定方式分为螺纹法兰、焊接法兰、松套法兰;按密封面形法兰种类式可分为光滑式、凹凸式、榫槽式、透镜式和梯形槽式。

1. 螺纹法兰

螺纹法兰主要用于镀锌水、煤气钢管的连接,其密封面为光滑式。其公称压力常用的有0.6 MPa、1.0 MPa、1.6 MPa三种。

2. 焊接法兰

焊接法兰是管道连接中最常用的法兰,分为平焊法兰和对焊法兰两种。

(1)平焊法兰:又叫搭焊法兰,与管子焊接时将管子插入法兰孔内,在法兰内外部与管子进行搭接角焊。其公称压力常用的有0.6 MPa、1.0 MPa、1.6 MPa和2.5 MPa四种。平焊法兰的密封面有光滑式和凹凸式。

(2)对焊法兰:又叫高颈法兰,与平焊法兰的区别是带有一段锥形短管。法兰与管子的结合实质上是短管与管子的对口焊接,故称对焊法兰。一般用于公称压力≥4.0 MPa或温度大于300 ℃的管道上。对焊法兰有光滑式、凹凸式、榫槽式和梯形槽式四种密封面形式。

3. 松套法兰

松套法兰也叫活套法兰或活动法兰。分为平焊松套法兰、对焊松套法兰、卷边松套法兰。这种法兰接口就是利用钢环或管口卷边把法兰套在管端上,因此法兰可以在管端上活动,故称松套法兰。

(1)平焊松套法兰:其密封面一般有光滑式和榫槽式。其公称压力常用的有 0.6 MPa、1.0 MPa、1.6 MPa 和 2.5 MPa 四种。主要用于不锈钢管道、铜及铜合金管道、铝及铝合金管道以及塑料管道等。

(2)对焊松套法兰:其密封面一般为凹凸式,用于公称压力较高的场合。其公称压力为 4 MPa、6.4 MPa、10 MPa 三种。

(3)卷边松套法兰:只适用于公称压力不大于 0.6 MPa 的管道上,主要用于有色金属管道、塑料管道。不过目前基本不用。

(二)法兰垫片的选用

常用的法兰垫片由工业橡胶板垫片、橡胶石棉板垫片、金属石棉缠垫片法兰垫片的选用和金属垫片,其选用应根据输送介质的性质及其工作条件和法兰形式选定。

(1)工业橡胶板。分为普通橡胶板、耐酸碱橡胶板和耐油橡胶板。适用于温度不超过 60 ℃、压力不超过 1.0 MPa 的水、酸、碱及真空管路的法兰上,厚度为 2~4 mm。

(2)橡胶石棉板。用橡胶、石棉及填料经压制制成,分为低、中、高压及耐油橡石棉胶板。分别适用于 1.6 MPa、4.0 MPa、6.4 MPa、10 MPa 的工作压力,使用温度为 200 ℃、350 ℃、450 ℃、550 ℃。橡胶石棉板垫片的厚度,管道公称通径≤80 mm 时为 1.5 mm,管道公称通径为 100~350 mm 时为 2 mm,管道公称通径≥400 mm 时为 3 mm。

(3)金属石棉缠绕垫片。由钢带和石棉分层缠绕制成,具有多层密封作用,弹性较好。只适用于光滑面和凹凸面法兰。适用于工作压力≤4.0 MPa,工作温度≤450 ℃。

(4)金属垫片。常用的有齿形、椭圆形和八角形垫片,以及高压管道上的透镜式垫片。一般当公称压力≥6.4 MPa 时采用金属垫片。

(三)法兰安装

法兰安装前应对法兰的外形尺寸进行检查,包括外径、内径、螺栓孔径及数目、螺栓孔中心距、凸缘高度等是否符合技术标准的要求。法兰密封面应平整光洁,不得有毛刺及径向沟槽。螺纹法兰的螺纹部分应完整、无损伤。凹凸面法兰应能自然嵌合,凸面的高度不低于凹槽的深度。

螺栓及螺母的螺纹完整,无伤痕、毛刺等缺陷。螺栓与螺母应配合良好,无松动或卡涩现象。石棉橡胶、橡胶、塑料等非金属垫片应质地柔韧,无老化变质或分层现象,表面不应有折损、皱纹等缺陷。金属垫片的加工尺寸、精度、粗糙度及硬度应符合设计要求,表面无裂缝、毛刺、凹槽径向划痕及锈斑等缺陷。金属及缠绕丝垫片不应有径向划痕、松散、翘曲等缺陷。

法兰装配前,必须清除表面及密封面上的铁锈、油污等杂物,直至露出金属光泽,且要加将法兰的密封线剔清楚。

法兰连接应保持平行,其偏差不应大于法兰外径的 1.5‰,且不大于 2 mm。不得用强紧螺栓的方法消除歪斜。法兰连接应保持同轴,其螺栓孔中心偏差一般不超过孔径的 5%,并保证螺栓能自由穿入。法兰装配时,法兰面必须垂直于管中心,允许偏差斜度当公称通径≤300 mm 时为 1 mm,公称通径>300 mm 时为 2 mm。法兰垫片应符合标准,不得使用斜垫和双层垫片。水平管道上安装的法兰,其最上面的两螺栓孔应保持水平。垂直管道上的法兰,其靠墙最近的两螺栓孔应与墙面平行。高温或低温管路的法兰,在保持工作温度 2 h 后应进行热紧或冷紧。当管路设计压力≤6.0 MPa 时,热紧的最大压力为 0.3 MPa;当设计压力>6.0 MPa 时,热紧的最大压力为 0.5 MPa。冷紧一般应泄压处理。高压螺纹法兰安装前应用白煤油、丙酮等清洗管端螺纹和法兰螺纹,不得由任何细小的垃圾。管道螺纹用环规进行检查,法兰螺纹用塞规进行检查。平焊法兰装配时,管端应插入法兰 2/3。平焊法兰内外部均应与管道焊接。

三、焊接连接

管道焊接连接是管道工程中最重要且应用最广泛的连接方式。其主要优点是:接口牢固耐久,不易渗漏,接头强度和严密性高,使用后不需要经常管理。

(1)根据设计要求,工作压力在 0.1 MPa 以上的蒸汽管道、一般管径在 32 mm 以上的采暖管道以及高层建筑消防管道可采用电、气焊连接。

(2)管道焊接时应有防风、防雨雪措施,焊区环境温度低于-20 ℃,焊口应预热,预热温度为 100 ℃~200 ℃,预热长度为 200~250 mm。

(3)一般管道焊接为对口形式及组对。

(4)焊接前要将两管轴线对中,先将两管端部点焊牢,管径在 100 mm 以下可点焊三点,管径在 150 mm 以上以点焊四点为宜。

(5)管材壁厚在 5 mm 以上者应对管端焊口部位铲坡口,如用气焊加工管道坡口,必须除去坡口表面的氧化皮,并将影响焊接质量的凹凸不平处打磨平。

(6)管材与法兰盘焊接,应先将管材插入法兰盘内,先点焊 2~3 点再用角尺找正找平后方可焊接,法兰盘应两面焊接,其内侧韩缝不得凸出法兰盘密封面。

四、承插连接

图 8.13 为承插连接中的刚性连接,其采用石棉水泥或膨胀性填料密封,重要场合可用铅密封。

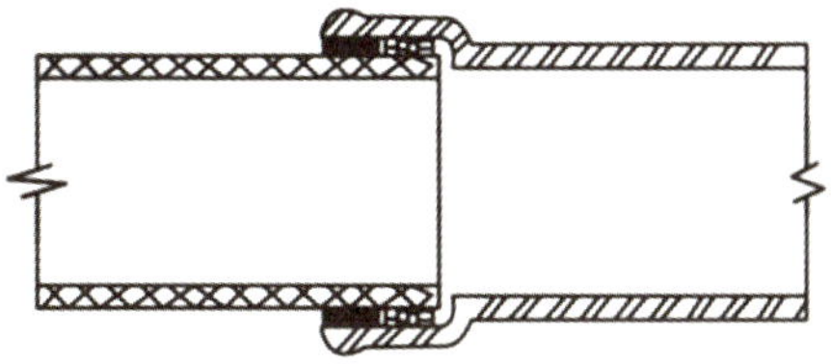

图 8.1.3　承插连接中的刚性连接

(1)水泥捻口:一般用于室内外铸铁排水管道的承插口连接。

①为了减少捻固定灰口,对部分管材与管件可预先捻好灰口,捻灰口前检查管材管件有无裂纹、砂眼等缺陷,并将管材与管件进行预排,校对尺寸有无差错,承插口的灰口环行

缝隙是否合格。

②管材与管件连接时可在临时固定架上，管与管件按图纸要求将承口朝上，插口向下的方向插好，捻灰口。

③捻灰口时，先用麻钎将拧紧的比承插口环行缝隙稍粗一些的青麻或扎绑绳打进承口内，一般打两圈为宜（约为承口深度的 1/3），青麻搭接处应大于 30 mm 的长度，而后将麻打实，边打边找正、找直并将麻须捣平。

④将麻打好后，即可把捻口灰（水与水泥质量比 1:9）分层填入承口环形缝隙内，先用薄捻凿，一手填灰，一手用捻凿捣实，然后分层用手锤、捻凿打实，直到将灰口添满，用厚薄与承口环行缝隙大小相适应的捻凿将灰口打实打平，直至捻凿打在灰口上有回弹的感觉即为合格。

⑤拌合捻口灰，应随拌合随用，拌好的灰应控制在 90 min 内用完为宜，同时要根据气候情况适当的调整用水量。

⑥预制加工两节管或两个以上管件时，应将先捻好灰口的管或管件排列在上部，再捻下部灰口，以减轻其震动。捻完最后一个灰口应检查其余灰口有无松动，如有松动应及时处理。

⑦预制加工好的管段与管件应码放在平坦的场所，放平垫实，用湿麻绳缠好灰口，浇水养护，保持湿润，一般常温 48 h 后方可移动运到现场安装。

⑧冬季严寒季节捻灰口应采取有效的防冻措施，抹灰用水可加适量盐水，捻好的灰口严禁受冻，存放环境温度应保持在 5 ℃以上，有条件亦可采取蒸汽养护。

（2）石棉水泥接口：一般室内外铸铁给水管道敷设均采用石棉水泥捻口，即在水泥内掺适量的石棉绒拌合。

（3）铅接口：一般用于工业厂房室内铸铁给水管敷设，设计有特殊要求或室外铸铁给水管紧急抢修，管道碰头急于通水的情况可采用铅接口。

（4）橡胶圈接口：一般用于室外铸铁给水管铺设、安装的管与管接口。管与管件仍需采用石棉水泥捻口。

五、粘接连接（UPVC 管、ABS 管）

（1）管道粘接不宜在湿度很大的环境中进行，操作场所应远离火源，防止撞击和阳光直射，在-20℃以下的环境中不得操作。

（2）管道和管件在粘接前应采用清洁棉纱或干布将承插口的内侧和插口外侧擦拭干净，并保持粘接面洁净。若表面沾有油污，应采用棉纱蘸丙酮等清洁剂擦净。

（3）用油刷涂抹胶粘剂时，应先涂承口内侧，后涂插口外侧。涂抹承口时应顺轴向由里向外吐沫均匀、适量，不得漏涂或涂抹过厚。

（4）承插口涂刷胶粘剂后，宜在 20 s 内对准轴线一次连续用力插入。管端插入承口深度应根据实测承口深度，在插入管端表面做出标识，插入后将管旋转 90°。

（5）插接完毕，应即刻将接头外部挤出的胶粘剂擦揩干净。应避免受力，静置至接口固化为止，待接头牢固后方可继续安装。

（6）粘接接头不宜在环境温度 0 ℃以下操作，应防止胶粘剂结冻。不得采用明火或电炉等设施加热胶粘剂。

六、卡套式连接(铝塑复合管)

(1)按设计要求的管径和现场复核后的管段长度截断管道。检查管口,如发现管口有毛刺、不平整或端面不垂直管轴线时,应修正;

(2)用专用刮刀将管口处的聚乙烯内层削坡口,坡角为 20°~30°,深度为 1.0~1.5 mm,且应用清洁的纸或布将坡口残屑擦干净;

(3)用整圆器将管口整圆;

(4)将锁紧螺帽、C 形紧箍环套在管上,用力将管芯插入管内,至管口达管芯根部;

(5)将 C 形紧箍环移至距管口 0.5~1.5 mm 处,再将锁紧螺帽与管件本体拧紧。

七、热熔连接

管道的热熔连接(图 8.1.4)目前多用于室内生活给水 PP-R 管、PB 管的安装。

(a)PP-R管

(b)PB管

图 8.1.3　承插连接中的刚性连接

(1)热熔工具接通电源,到达工作温度指示灯亮后方能开始操作。

(2)切割管材,必须使端面垂直于管轴线。管材切割一般使用管子剪或管道切割机,必要时可使用锋利的钢锯,但切割后管材断面应去除毛边和毛刺。

(3)管材与管件连接端面必须清洁、干燥、无油。

(4)用卡尺和合适的笔在管端测量并标绘出热熔深度。

(5)熔接弯头或三通时,按设计图纸要求,应注意方向,在管件和管材的直线方向上,用辅助标识标出其位置。

(6)连接时,无旋转地把管端导入热套内,插入到所标识的深度,同时,无旋转地把管件推到加热头上,达到规定标识处。加热时间应满足表 8.1.1 的规定(也可按热熔工具生产厂家的规定)。

(7)达到加热时间后,立即把管材与管件从加热套与加热头上同时取下,迅速无旋转地直线均匀插入到所标深度，是接头处形成均匀凸缘。

(8)在表 8.1.1 中规定的加工时间内，刚熔接好的接头还可校正，但严禁旋转。

表 8.1.1 熔接操作技术参数

管材外径/mm	熔接深度/mm	加热时间/s	插接时间/s	冷却时间/min
20	14	5	4	3
25	16	7	4	3
32	20	8	4	4
40	21	12	6	4
50	22.5	18	6	5
63	24	24	6	6
75	26	30	10	8
90	32	40	10	8
110	38.5	50	15	10

注：若环境温度低于 5 ℃，加热时间应延长 10%。

八、铜管连接

在供水系统中使用铜管，其连接方式主要有卡套式和焊接两种。

(1)卡套式连接操作方便、简洁，选用正确的配件可以使连接处紧密，不会产生渗漏，并能承受足够的压力。卡套式连接分为两种类型，非操作接头 A 型和可操作接头 B 型。

①非操作接头 A 型连接：安装过程包括选择符合管子规格的套管，按正确长度切割管子，除去所有毛刺，检查管端是否清洁以及有没有深的划痕或其他缺陷。如果管端是椭圆的，应用适宜的工具使之变圆，然后把管子插入套管直到不变到档圈，用手和一个扳手拧紧螺母直到压环夹紧管子，这时用手无法将套管上的螺母转动，现在用两个扳手再将螺帽拧紧到 1/3 到 2/3 圈。这样使压环咬入管子并使管子微小变形。

②可操作接头 B 型：该接头可同时夹紧管子的内外表面，这样接头既可以支撑，又可以紧紧卡住铜管。

连接方法包括确认管子的规格和所使用的套管规格正确无误，然后用细齿锯将管子切割为所需长度，清洁内外的毛刺，将压紧螺母和压环套入管端，将相应的扩口工具或冲头敲入管端使管口扩大，然后将立体管正确地放入管端和套管中，拧紧压紧螺母。先用手拧，然后再用扳手拧紧约一周，便可以制成一个牢固、严密的接头。

(2)焊接方式主要有两种即锡焊和铜焊。

锡焊和铜焊的区别主要在于使用的金属填料不同，焊药不同，应用的部位不同，使用焊接方式需要有专业资质的人员进行操作。

九、沟槽式连接

(1)用钢管切割机将钢管按所需长度切割，切口应平整，切口毛刺应用砂轮机磨平，使其端面平整光滑。

(2)用专用滚槽机压槽，将需加工沟槽的钢管架设在滚槽机和滚槽机尾架上，用水平仪调整滚槽机尾架与滚槽机与钢管牌水平位置，将钢管端面与滚槽机槽轮挡板端面贴紧，即钢管与滚槽机槽轮挡板端面成 90°；压槽时应持续渐。

(3)检查橡胶密封圈是否匹配，涂润滑剂，并将其套在一根管段的末端，将对接的另一根管段套上，交胶圈移至连接段中央。

(4)将卡箍套在胶圈外，并将边缘卡入沟槽中。

(5)将带变形块的螺栓插入螺栓孔，并将螺母旋紧。

课件

管道运营与维护

评价

评一评

评价指标		评价主体		
一级指标	二级指标	学生自评	学生互评	教师评价
知识目标	了解管道的材料			
能力目标	掌握管道的连接方式			

总 结 反 思

任务 8.2 水泵运营与维护

工单编号		姓名:	班级:
面向专业		学号:	学时:

教学目标

(1)了解水泵运营与维护必备知识点;

(2)掌握水泵运营与维护技术要点。

任务必备知识点

水泵运营与维护知识要点

在污水处理中,水泵类设备占机械设备总价值的15%以上,是重要的动力设备。这些泵担负着输送污水、砂浆、生污泥、消化污泥、活性污泥以及浮渣等任务。

由于输送的水量不同,输送的距离与扬程不同,介质不同,因此污水处理厂的泵类设备有各种不同的形式,主要可分为三大类:叶片泵、容积泵和螺旋泵。

(1)叶片泵是利用工作叶轮的旋转运动来输送液体的。叶片泵按工作原理可分为离心泵、轴流泵、混流泵和旋流泵;按介质分又可分为清水、污水、砂泵及渣浆离心泵。

(2)容积泵是利用工作室容积的周期性变化来输送液体的,主要有螺杆泵、隔膜泵及转子式容积泵等,主要用来输送污泥、浮渣等。

(3)螺旋泵是利用螺旋推进的原理来输送液体的,主要输送介质有活性污泥与污水。本任务主要介绍离心泵的运营与维护。

一、离心泵的构造

离心泵是利用叶轮旋转而使水产生的离心力来工作的,离心泵装置主要由叶轮、泵壳、泵轴、轴承、密封环和填料环等组成。离心泵的种类很多,污水处理工程的大中型泵站主要安装的是单级立式、单级卧式及潜水式离心泵,

(一)叶轮

叶轮又称工作轮,是泵的核心部分,它的作用是将动力机的机械能传递给液体,使液体的动能增加。转速越高,功率越大。叶轮的形式有封闭式、半开式和敞开式三种。

叶轮由盖板、叶片和轮毂等组成,叶片与盖板形成槽道,水自叶轮吸入口以轴向流入,然后通过槽道从切向甩出。叶轮的材料必须有足够的机械强度和相当的耐磨、耐腐蚀性

能，出厂前必须做动平衡试验，以保证其在运转中平衡。

（二）泵壳

泵壳又称蜗壳，由泵盖和泵体组成。泵体包括泵的吸水口、蜗壳形流道和泵的出水口。在吸水口的法兰和出水口的法兰上制有安装真空表和压力表的螺孔。在泵体顶部设有放气或加水的螺孔，以便在水泵启动前用来抽真空或灌水。在泵体底部设有放水螺孔，泵停止使用时，泵内的水由此放出，以防锈蚀和冬季冻裂。

（三）泵轴

泵轴是用来带动叶轮旋转的，泵轴的直度要求非常高，任何微小的弯曲都可能造成叶轮的摆动，影响正常的运营。因此，在拆修及吊运泵轴时，一定要小心，不要使其变形。泵轴一端用键、叶轮螺母和外舌止退圈固定叶轮，另一端装联轴器与电机或者内燃机相连。为了防止填料与轴直接摩擦，有些离心泵的轴在与填料接触部位装有保护套，以便磨损后可以更换。

（四）轴承

轴承用以支持转动部分的质量以及承受运营时的轴向力及径向力。一般来说，卧式泵以径向力为主，立式泵以轴向力为主。轴承有滚动轴承和滑动轴承两种。有的大型泵为了降低轴承温度，在轴承上安装了轴承降温水套，用循环的净水冷却轴承。

（五）密封环

在转动的叶轮吸入口的外缘与固定的泵体内缘存在一个间隙，它是水泵内高低压的一个界面。这一间隙如过大，则泵体内高压水便会经过此间隙回漏到叶轮的吸水侧，从而降低水泵的效率。如果间隙过小，叶轮转动就会与泵体发生摩擦；特别是水中含有砂粒时更会加剧这种摩擦。为了保护叶轮和泵体，同时为了减少漏水损失，人们在叶轮的吸入口与泵体的同一部位分别装一用铸铁或黄铜等制的圆环，可减少漏水，磨损后还可更换。故称密封环，也称减磨环或减漏环，这是一种易损件。密封的间隙保持在 0.25～1.10 mm 为宜。

（六）填料环

在轴穿出泵盖处，为了防止高压水通过转动间隙流出及空气流入泵内，必须设置轴封装置，填料环是国内水泵使用最广泛的一种轴封装置。

二、离心泵的工作过程

水泵在启动前，必须把泵壳和吸水管都充满水，然后驱动电机，使泵轴带动叶轮和水做高速旋转运动，水在离心力作用下甩向叶轮外缘，并汇集到泵壳内，经蜗形泵壳的流道而流入水泵的压水管路。与此同时，水泵叶轮中心处由于水被甩出而形成真空，吸水池中的水便在大气压力作用下，通过吸水管吸进了叶轮。叶轮不停地转动，水就不断地被甩出，又不断地被补充，这就形成了离心泵的连续输水。

三、离心泵的性能参数

为了能够合理地选择和正确使用水泵,必须了解水泵的性能,而水泵的性能是用性能参数表示的。离心泵的性能参数有流量、扬程、功率、转速、允许吸上真空度或允许汽蚀余量等。

(1)流量,俗称出水量。它表示水泵在单位时间内所输送液体的体积或质量。

(2)扬程,通常指总扬程,又叫总水头。它表示单位质量液体通过水泵后其能量的增加值。

(3)功率有轴功率和有效功率两个概念。

①轴功率:指水泵的输入功率。它表示电动机输送给水泵的功率,它等于电动机的输入功率×电动机的效率。

②有效功率:指水泵的输出功率,单位 kW。它表示单位时间内流过水泵的液体从水泵那里得到的能量。

(4)效率 η 指水泵的有效功率和轴功率之比值,它反映了水泵对动力的利用情况。

(5)转速指泵轴每分钟旋转的次数。

(6)允许吸上真空高度或允许气蚀余量是表示离心泵气蚀性能的参数。

任务实施

离心泵运营与维护技术要点

一、离心泵的运营技术要点

(一)离心泵启动前的准备工作

为了保证水泵的安全运营,水泵启动前应对机组做全面仔细检查,尤其对新安装的泵和大修后的泵,更要注意做好检查工作,以便发现问题及时处理。主要检查内容如下。

(1)检查机组转子是否灵活轻便,泵内是否有金属摩擦声,如有应检查原因。这一检查常通过盘车,即用于转动机组的联轴器的方法进行。

(2)检查轴承中的润滑油是否正常,油质是否干净。

(3)检查出水管上的闸阀启闭是否灵活。

(4)检查水泵电机的地脚螺栓及其他连接螺栓是否有松动或脱落,如有应拧紧或补上。

(5)清除水泵进水口上的杂物,以防止开机后将杂物吸入而破坏叶轮。

(6)检查电机和水泵的转向是否一致,供配电设备是否固定好;对于新安装的水泵或者大修后的水泵,检查电机转向是一项必不可少的工作。

(7)检查控制系统是否正常,各仪表显示是否准确,有远程监控的还要检查远程监控是否准确有效。

（二）离心泵启动

启动离心泵前必须引水。一般小型离心泵大多采用灌水排气的方法，此时吸水管下端应装有底阀。引水的方法有用自来水灌水、高架箱灌水、呼水泵灌水等。大中型离心泵大多采用水环式真空泵抽气引水的方法。抽气时，当排气管中有水涌出，就表示吸水管和泵内已充满水，可以启动水泵开始工作。对于水泵安装低于吸水池水平面的自灌式水泵，打开进水闸门，水就会自动充满吸水管和泵内。

离心水泵一般采用闭闸启动，启动时操作人员与机组人员不要靠得太近，待水泵转速稳定后，应立即打开真空表与压力表上的阀，此时压力表上读数应上升至水泵零流量时的空转扬程，表示水泵已经上压。再逐渐打开压水管上的闸阀，此时真空表读数逐渐增加，压力表读数逐渐下降，配电盘上的电流表读数应逐渐增大。启动工作在闸阀全开时即表示完成。水泵在闭闸的情况下，运营时间一般不应超过 3 min；如时间太长，泵内水流会因不断地在泵壳内循环流动而发热，致使水泵的某些零件发生损坏。如果电动机合闸后发现只有“嗡”声而不转动，应立即切断电源检查原因。如果水泵转动而不出水，应立即停泵检查原因。

二、离心泵的运营与维护技术措施

（1）每台水泵机组投入运营后应及时填写运营日报表上有关记录项的。

（2）应将各台泵每日的运转情况数据输入计算机的存储系统。

（3）注意机组有无不正常的响声和振动。水泵在正常运营时，机组应该平稳，声音应该正常连续而不间断。往往不正常的响声和振动是水泵故障发生的前兆，遇此情况，应立即停机检查。

（4）注意机组轴承温度及油量的检查。轴承温升，一般不得超过环境温度 30 ℃～40 ℃，最高不超过 75 ℃。在无温度计时，也可用手摸，凭经验判断，如感到很烫手时，应停机检查。

（5）新机组使用润滑脂（黄油）的滚珠轴承，第一次换油时间在机组运营 80 h 之后，以后约每隔 2 400 h 换油一次（使用二硫化钼润滑剂，时间可延长一倍）。凡采用机械油润滑的轴承，每 240 h 换油一次，并应随时注意油面应在油标尺的两刻度之间，不足时应随时加注。

（6）填料盒正常滴水程度，一般只要控制到能分滴而下、不连续成线即可，即每分钟 20～150 滴。滴水多少可通过松、紧填料压盖来控制。注意不能单边压紧，以防磨损轴套与压盖。

（7）定期检查联轴器和机组上各地脚螺栓，如发现有偏移或松动，应及时纠正紧固。

（8）注意仪表指针的变化。在运营正常的情况下，仪表指针的位置应基本上稳定在某个位置上。如仪表指针有剧烈变化和跳动，应立即查明原因。如真空表读数上升，可能是吸水管口被堵塞或水源水位下降；压力表读数上升，可能是压水管口被堵塞；压力表读数下降，可能是吸水管路漏气而吸入了空气，或因转速降低、叶轮被堵塞等。对电动机，应注意电流表上读数是否超过电动机的额定电流，电流过大或过小都应及时停车检查。

（9）大型泵组如采用水冷却轴承的或者循环油冷却电机的，应保持水路及油路的通畅，如循环冷却系统出了故障，应立即停泵检修。

(10)注意吸水井水位的变化，如吸水井水位低于最低设计水位，应适当关掉1~2台机组，以免发生气蚀，损坏叶轮。一般来讲，城市污水一般从午夜零点到上午八点这一段时间来水较少，应特别注意。

(11)无保温措施的水泵机组，在冬季水泵不运营时，应从水泵底部螺纹管堵处放去存水，以防水泵冻裂。长时间不用水泵也应放去存水。

三、离心泵的停车技术要点

离心泵停车前，对离心泵应先关闭真空表和压力表阀，再慢慢关闭压力管上闸阀，实行闭闸停车。停车后，应注意把泵和电动机表面的水和油泥擦净。水泵较长时间不用或冬季停车后，应立即将泵壳内的水放净。对一些在运营中无法处理的问题，停车后应及时处理。对于有较高扬程的水泵，在停泵时应注意停泵水锤可能造成的破坏。一般来讲，水泵系统在设计中就已经考虑到停泵水锤的影响，对于操作者来说需要注意的是，要时刻保证水锤消除系统的完好与有效，以便在停泵或因故障突然停泵时有效地将水锤的影响最大限度地减小。

四、离心泵主要故障原因及其排除方法

离心泵主要故障原因及其排除方法见表8.2.1。

表8.2.1 离心泵主要故障原因及其排除方法

故障	产生原因	排除方法
启动后水泵不出水或出水量少	启动前没有引水或引水不足	重新引水
	底阀堵塞或漏水	清除杂物或修理
	吸水管路及填料环有漏气	堵塞管路漏气，适当压紧填料或清通水封管
	水泵转向不对	对换一对接线，改变转向
	水泵转速太低	检查电压是否太低
	叶轮吸入口及流道堵塞	揭开泵盖，清除杂物
	叶轮及减漏环磨损	更换磨损零件
	吸水井水位下降，水泵安装高度太大	核算及调整泵安装高度
	水面产生漩涡，空气带入泵内	加大吸水口淹没深度或采取防止措施
	吸水管路安装不当，使空气积存	改装吸水管路，消除隆起部
	水泵装置总扬程超过水泵扬程	更换较高扬程水泵
水泵开启不动或启动后轴功率过大	填料压得太紧，泵轴弯曲，轴承磨损	松一下压盖，矫直泵轴，更换轴承
	多级泵中平衡孔堵塞或回水管堵塞	清除杂物，疏通回水管路
	联轴器间隙太小，运营中二轴相顶	调整联轴器间隙
	电压太低	检查电路，及时与电力部门联系
	实际液体的密度远大于设计液体的密度	更换电动机，提高功率
	流量太大，超过使用范围太多	关小出水闸阀

表 8.2.1(续)

故障	产生原因	排除方法
水泵机组振动或者噪声	地脚螺栓松动或没填实	拧紧并填实地脚螺栓
	基础松软	加固基础
	安装不良,联轴器不同心或泵轴弯曲	检查、调整同心度,矫直或换轴
	水泵发生汽蚀	降低安装高度,减小水头损失
	轴承损坏或润滑不良	更换或修理轴承,或加注润滑油
	叶轮损坏或不平衡	修理或更换叶轮,或对叶轮进行静平衡试验
	泵内有严重摩擦	检查摩擦部位
轴承发热	轴承损坏	更换轴承
	轴承润滑不良(润滑油加得太多或太少)	按规定加油
	油质不良,不干净	更换合格润滑油
	轴弯曲或联轴器没矫正好	矫直或更换泵轴,矫正联轴器
	叶轮轴向力平衡孔堵塞,使泵轴向力不能平衡	消除平衡孔上堵塞的杂物
	多级泵平衡轴向力装置失去作用	检查平衡轴向力装置
	滑动轴承的甩油环不起作用	放正油环位置或更换油环
电动机过载	转速高于额定转速	检查电路及电动机
	水泵流量过大、扬程低	关小闸阀
	电动机或水泵发生机械损杯	检查电动机及水泵
填料环发热,漏水过少或漏水过多	填料压得太紧	调整松紧度,使滴水呈滴状连续渗出
	填料环装的位置不对	调整水封环位置,使它正好对准水封管口
	水封管堵寨	疏通水封管
	填料环与泵轴不同心	检修、改正不同心地方
	填料质量太差,劣质填料损坏轴套	购买正规厂家、正规商店或有正式产品合格证的产品
	填料磨损过大或者轴套磨损	更换填料或轴套
泵轴被卡,泵转不动	叶轮和密封环间隙太小或不均匀	更换或修理密封环
	密封环的间隙被铁丝、锈片或泥沙卡住	清除杂物并修理密封环
	泵轴弯曲	校正泵轴
	长期不用的水泵,泵轴被锈住	除锈加油
	轴承破坏进而被破坏的碎片卡住	更换轴承

课件

水泵运营与维护

评价

评一评

评价指标		评价主体		
一级指标	二级指标	学生自评	学生互评	教师评价
知识目标	了解离心泵的构造			
	了解离心泵的工作过程			
	了解离心泵的性能参数			
能力目标	掌握离心泵的运营技术要点			
	掌握离心泵的运营与维护技术措施			
	掌握离心泵主要故障及其排除方法			

总 结 反 思

任务 8.3　鼓风机运营与维护

工单编号		姓名:	班级:
面向专业		学号:	学时:

教学目标

(1)了解鼓风机运营与维护必备知识点;
(2)掌握鼓风机运营与维护技术要点。

任务必备知识点

鼓风机运营与维护必备知识点

一、鼓风机的概念

鼓风机是利用外加能量输送流体的流体机械,根据工作原理通常分为容积式和叶片式。

(1)容积式鼓风机在运转时,机械内部的工作容积不断发生变化,从而“吸入”或“排出”流体。

(2)叶片式鼓风机的主要结构是可旋转的,带叶片的叶轮和固定的机壳。通过叶轮的旋转对流体作用,从而使流体产生压力和流动。

二、鼓风机的分类

按作用原理鼓风机分为容积式和透平式两类。容积式鼓风机依靠在气缸内做往复或旋转运动的活塞作用,使气体体积缩小从而提高压力;透平式鼓风机靠高速旋转的叶轮作用,提高气体的压力和速度,随后在固定组件中使一部分速度进一步转化为气体的压力能。

按结构形式容积式鼓风机又可分为回转式和往复式。回转式鼓风机中又分成罗茨式、滑片式和螺杆式;往复式鼓风机又分成活塞式、隔膜式及自由活塞式。透平式鼓风机分为离心式、轴流式和混流式。

三、常用鼓风机介绍

(一)罗茨式鼓风机

罗茨式鼓风机是低压容积式鼓风机。罗茨式鼓风机主要由气缸和端盖、转子、轴、轴承、同步齿轮等组成。

罗茨式鼓风机的工作原理:装在两根平行轴上的两个8字形转子相互啮合,以相反方向旋转,随着转子的旋转交替形成吸气气穴,吸入一定容积的气体后,气体在气缸内被推移、压缩和升压,最后由排气口排出。

(二)低噪声回转式鼓风机

低噪声回转式鼓风机又称为滑片式鼓风机,主要由电机、空气过渡器、鼓风机本体、空气室、底座(兼油箱)、滴油嘴六部分组成。它是靠汽缸内偏置的转子偏心运转,并使转子槽中的叶片之间的容积变化将空气吸入、压缩、吐出。在运转中利用鼓风机的压力差自动将润滑油送到滴油嘴,滴入汽缸内来减少摩擦和噪声,同时可减少汽缸内气体的回流。

(三)离心式鼓风机

离心式鼓风机的主要结构部件是叶轮和机壳。机壳内的叶轮安装于由原动机拖动的轴上。当原动机带叶轮旋转时,叶片间的气体也随叶轮旋转而获得离心力,并使气体从叶片之间的开口处甩出。被甩出的气体挤入机壳,于是机壳内的气体压强增高,最后被导向出口排出。气体被甩出后,叶轮中心部分的压强降低。外界气体就能从风机的吸入口通过叶轮前盘中央的孔口吸入,源源不断地输送气体。

任务实施

鼓风机运营与维护技术要点

一、离心式鼓风机运营与维护的技术要点

(一)首次开车前的检查

离心式鼓风机首次开车前应全面检查机组的气路、油路、电路和控制系统是否达到了设计要求。

(二)试运转

试运转的目的是检查开/停顺序和电线连接是否正确。试运转时,恒温器、恒压器和各种安全监测装置已经过试验,并有满意的结果。

启动鼓风机前必须手动盘车检查,各部分不应有不正常的撞击声。

瞬时点动机组主电机,最多2~3 s,检查主电机转动方向是否正确。若方向不对,电机需重新接线。转动方向不对,几秒钟内就会造成鼓风机和齿轮箱永久性损坏。

试运转期间应检查和/或调整下列项目:放空阀的开闭时间;止回阀的功能;压力管路中的升压情况;润滑油的压力和温度应稳定;调节油冷却器情况;水冷时,调节恒温器阀,检查通水情况;风冷时,调节恒温器阀,检查风扇电机的开/停情况;检查油温;扩压器叶片手动调整试验情况;进口导叶手动调整试验情况;安全监测装置、恒温器、恒压器及紧急停车

装置的试验情况；正常启动和停车顺序试验情况；电机过载保护（扩压器/进口导叶极限位置）试验情况；在工作温度时检查漏油情况；检查就地盘至主控盘的接线。

（三）启动与停车

正常启动程序：打开放空阀或旁通阀；使扩压器和/或进口导叶处于最小位置；给油冷却器供水（风冷时开冷却风扇）；启动辅助油泵；辅助油泵油压正常后，启动机组主电机；主油泵产生足够油压时，停辅助油泵；机组达到额定转速确认各轴承温升、各部分振动值都符合规定；进口导叶全开时，慢慢关闭放空阀或旁通阀；放空阀关闭后，扩压器和/或进口导叶进入运营。

停车程序不像启动那样严格，大致与启动程序相反。

（四）运营检查

鼓风机运营时应检查下列项目。

（1）油位不得低于最低油位线；油温；油压；油冷却器供水压力和进出水温度；鼓风机排气压力；鼓风机进气压力；鼓风机排气温度；鼓风机进气温度；进气过滤器压差；振动；功率消耗。

（2）应定期记录仪表读数，并进行分析对比。

（3）由于扩压器和/或进口导叶系统并不是从全开到全闭频繁地动作，因此就地盘至少每周一次设定在手动位置，扩压器和/或进口导叶从全闭到全开至少动作两次。这个方法也适用于不工作的鼓风机。

（4）应每月检查一次油质。

（5）如果鼓风机停机一个月，应采取下列措施：就地盘设定到手动位置，启动油泵。当油泵运营约 0.5 h 后，鼓风机按正确的转动方向至少盘车 5 转。油泵至少运营 1 h，运营时间长更好。

（6）机组运营中有下列情况之一应立即停车：机组突然发生强烈振动或机壳内有磨刮声；任一轴承处冒出烟雾；油压下降；轴承温度忽然升高超过允许值，采取各种措施仍不能降低；油位降至最低油位线，加油后油位未上升；转子轴向窜动超过 0.5 mm。

（五）机组运营中的维护要点

（1）首次开车后 200 h 应换油。如果被更换的油未变质，经过滤机过滤后仍可重新使用。

（2）首次开车后 500 h 做油样分析，以后每月做一次油样分析，发现变质应立即换油。油号必须符合规定，严禁使用其他牌号的油。

（3）应经常检查油箱中的油位，不得低于最低油位线。

（4）应经常检查油压是否保持正常值。

（5）经常检查轴承出口处的油温，应不超过 60 ℃，并根据情况调节油冷却器的冷却水量，使进入轴承前的油温保持在 30 ℃～40 ℃。

（6）定期清洗滤油器。

(7)经常检查空气过滤器的阻力变化,定期进行清洗和维护,使其保持正常工作。

(8)经常注意并定期测听机组运营的声音和轴承的振动。如发现异声或振动加剧,应立即采取措施,必要时应停车检查,找出原因排除故障。

(9)严禁机组在喘振区运营。

(10)按电机说明书的要求,对电机进行检查和维护。

二、离心式鼓风机常见故障及原因

离心式鼓风机常见故障及原因见表8.3.1。

表8.3.1 离心式鼓风机常见故障及原因

故障现象	可能原因
开车时无气流、无压力	电机或电源故障;旋转方向错了;联轴器或轴断裂;抱轴
排气量低	放空阀全开或半开;进口导叶完全关闭;进口导叶系统局部卡住;进气过滤器堵塞;管路系统泄漏或阀门开着
运营有杂音,振动大	机组矫正精度被破坏;联轴器对中不好或损坏;变速箱齿轮或轴承损坏;鼓风机轴承损坏;轴承间隙过大;轴承压盖过盈太小;主轴弯曲;转子/叶轮平衡不好;密封损坏
轴承温度高	油号不对;润滑油未充分冷却;油压太低;油泵转向错;油变质或油中有水分;轴承损坏;轴承间隙过小
油压太低	油泵故障;滤油器堵塞;油压表失灵;安全阀损坏;管路漏油;油位大低;油温太高
喘振	鼓风机转速太低;进气通道阻塞;进气压力损失太高;进气温度太高;进口导叶松动、失灵或太紧;叶轮损坏;排气总管压力太高;放空阀损坏,造成开车/停车喘振
油温太高	冷却水量太小;冷却水温度太高;环境温度高;油号不对;轴承或齿轮损坏
功率消耗太高	进口导叶滞住、排气压力降低;变速箱或鼓风机有机械故障(如轴承、齿轮或轴损坏);进口导叶失灵

三、罗茨式鼓风机运营与维护的技术要点

(一)运转准备

(1)彻底清除鼓风机内外的灰尘和杂物,并避免混入油。

(2)检查进出口连接部位有无忘记坚固的地方,配管的支承件是否完备,冷却水管是否安装好。

(3)如果在配管内有焊渣和铁屑等,应彻底清除。

(4)将润滑油加注到油位计上部红线为止(鼓风机运转时,油位稍有下降至两条红线之间)。如果油过少,会导致烧坏齿轮和轴承;如果油过多,往往会超过允许温升造成齿轮和其他部件损坏。

(5)鼓风机采用中间轴皮带传动时,应在中间轴两端的轴承座内填充润滑脂,填充量为轴承座自由空间的1/3~1/2。

(6)鼓风机运转过程中,不应加油。在运转一周后应第一次更换新油;一个月后应第二次更换新油以后,主、副油箱应定期更换润滑油。

(7)用手沿旋转方向盘动风机带轮或联轴器,检查有无异常现象。

(二)试运转

(1)新安装、大修后或长时间未使用的鼓风机在投入运营前都应进行试运转。打开进气、排气侧阀门,在无负荷的状态下接通电源开关,核实旋向。鼓风机需用冷却水时,接通冷却水后方可启动。启动后空载20~30 min,检查有无异常振动及发热现象。如果出现异常现象,应立即停车查明原因,大多是因为安装不良或联轴器对中不准,也有是因为润滑油油位不适宜的情况。

(2)空载运转良好后,在正常负载情况下运转2~3 h,同时应注意观察每个部件的温度和振动。

(3)运转中要注意电流表的示值,如出现异常要立即停车检查,其原因大多是由于叶轮与壳体摩擦引起的。风机现场拆装后,应注意间隙的调整。

(三)日常维护

(1)运转过程中应特别注意,机壳内部叶轮与机壳、叶轮与侧板、叶轮与叶轮之间是否存在摩擦或吸入异物,应经常检查及早发现;摩擦严重时,会出现机壳局部温升过高、外表喷漆烧焦现象,此时应立即停车。

(2)在长期运转中,由于叶轮、机壳的锈蚀,致使工作间隙增大,内泄漏加大,机壳温升及排气温度增高,同时流量减少,所以应当停机,测量间隙,及时采取校正措施。

(3)在日常工作中,应对轴承的温度、振动和声响等加以注意,需要经常检查。在冬季寒冷地带,需用冷却水的鼓风机停机后必须放掉冷却水,防止存水结冰损坏机器。

(4)在运转过程中,应检查轴承温度、润滑油温度、电流表的示值。鼓风机需用冷却水时,还应经常检查冷却水量是否达到规定的要求。定期检查,做好记录。停车时,须先卸压减载,再停车,最后关掉冷却水。

四、罗茨式鼓风机常见故障及解决方法

罗茨式鼓风机常见故障及解决方法见表 8.3.2。

表 8.3.2　罗茨式鼓风机常见故障及解决方法

故障	原因分析	解决方法
齿轮损坏	润滑油油量过少或油质不好	定期检查润滑油，先用合适润滑油
轴承过热、间隙超限、表面剥蚀	过载和温度过高	避免过载，将润滑油钢管改成胶管，减少振动造成的破损
转子啮合错位，转子摩擦、碎裂、轴向窜动	零部件超过使用年限或产品质量差	更换合格零部件，增加油压报警装置
壳体内部磨损、碎裂	空气过滤效果差或过滤器堵塞	检修和改善空气过滤系统
润滑系统异常，油压低，油温高，油色度浊度大，油管接头断裂漏油	叶轮和机壳结垢严重且不均匀，或有大块杂物进入	检修风机，清除结垢和杂物
风量、风压达不到要求	进气吸空，装配不当	提高安装精度，保证风机与电机中心线重合，整机底座水平
异常噪声和振动	地脚螺栓松动基础及系统无减振措施	紧固地脚螺栓安装减振和消声隔声装置
频繁跳闸	电源不稳	检查供电线路
电机不转或反转	电机损坏，线路连接不当	修理或更换电机，检查和调整线路连接

课件

风机运营与维护

评价

评一评

评价指标		评价主体		
一级指标	二级指标	学生自评	学生互评	教师评价
知识目标	了解鼓风机的概念、分类			
	了解常用鼓风机的工作原理			

续表

能力目标	掌握离心式鼓风机运营与维护技术要点			
	掌握离心式鼓风机常见故障及原因			
	掌握罗茨式鼓风机运营与维护技术要点			
	掌握罗茨或鼓风机常见故障及解决方法			

总 结 反 思

项目9　污水处理厂运营与维护及管理制度

任务9.1　基本规定

工单编号		姓名：	班级：
面向专业		学号：	学时：

教学目标

了解污水处理厂运营与维护及管理制度基本规定必备知识点。

任务必备知识点

污水处理厂运营与维护及管理制度基本规定必备知识点

一、运营与维护及管理

(1)城镇污水处理厂应依据本规程制定相应的管理制度、岗位操作规程、设施设备维护保养手册及事故应急预案，并定期修订。

(2)城镇污水处理厂必须建立、健全污水处理设施设备运营与维护管理制度，各岗位运营操作和维护人员应经培训后持证上岗，并应定期考核。

(3)城镇污水处理厂应有工艺流程图、官网现状图、自控系统及供电系统图等。

(4)城镇污水处理厂各岗位应有健全的技术操作规程、安全操作规程及岗位责任等制度。

(5)运营管理、操作和维护人员必须掌握处理工艺和设施设备的运营与维护要求及技术指标。

(6)厂内供水、排水、供电、供热和燃气等设施的运营与维护及管理工作必须符合国家现行有关标准的规定。

(7)污水处理及污泥处理处置工艺运营过程中应配置相应的在线仪表。城镇污水处理厂的进、出水口应安装流量计和化学需氧量等在线监测仪表。

(8)能源和材料的消耗应准确计量,并应做好各项生产指标的统计,进行成本核算。

二、安全操作

(1)起重设备、锅炉、压力容器等特种设备的安装、使用、检修、检测及鉴定,必须符合国家现行有关标准的规定。

(2)对易燃易爆、有毒有害等气体检测仪应定期进行检查和校验,并应按国家有关规定进行强制检定。

(3)对厂内各种工艺管线、闸阀及设备应着色并标识,并应符合现行行业标准《城市污水处理厂管道和设备色标》(CJ/T 158—2002)的规定。

(4)在设备转动部位应设置防护罩;设备启动和运营时,操作人员不得靠近、接触转动部位。

(5)非本岗位人员严禁启闭本岗位的机电设备。

(6)各种闸阀开启与关闭应有明显标识,并应定期做启闭试验,应经常为丝杠等部位加注润滑油脂。

(7)备急停开关必须保持完好状态;当设备运营中遇有紧急情况时,可采取紧急停机措施。

(8)对电动闸阀的限位开关、手动与电动的连锁装置,应每月检查 1 次。

(9)各种闸阀井应保持无积水,寒冷季节应对外露管道、闸阀等设备采取防冻措施。

(10)操作人员在现场开、停设备时,应按操作规程进行,设备工况稳定后,方可离开。

(11)新投入使用或长期停运后重新启用的设施设备,必须对构筑物、管道闸阀、机械、电气、自控等系统进行全面检查,确认正常后方可投入使用。

(12)停用的设备应每月至少进行 1 次运转。环境温度低于 0 ℃时,必须采取防冻措施。各种类型的刮泥机、刮砂机、刮渣机等设备,长时间停机后再开启时,应先点动,后启动。冬季有结冰时,应除冰后再启动。

(13)各种设备维修前必须断电,并应在开关处悬挂维修和禁止合闸的标识牌,经检查确认无安全隐患后方可操作。

(14)清理机电设备及周围环境卫生时,严禁擦拭设备运转部位,冲洗水不得溅到电机带电部位、润滑部位及电缆头等。

(15)设备需要维修时,应在机体温度降至常温后,方可维修。

(16)各类水池检修放空或长期停用时,应根据需要采取抗浮措施,并应对池内配套设备进行妥善处理。

(17)凡设有钢丝绳结构的装置,应按要求做好日常检查和定期维护保养;当出现绳端断丝、绳股断裂、扭结、压扁等情况时,必须更换。

(18)起重设备应设专人负责操作,吊物下方危险区域内严禁有人。

(19)设备电机外壳接地必须保证良好,确保安全。

(20)构筑物、建筑物的护栏及扶梯应牢固可靠,设施护栏不得低于 1.2 m,在构筑物上应悬挂警示牌,配备救生圈、安全绳等救生用品,并应定期检查和更换。

(21)各岗位操作人员在岗期间应佩戴齐全劳动防护用品,做好安全防护工作。

(22)镇污水处理厂必须健全进出污泥消化处理区域的管理制度,值班室的警报器、电话应完好畅通。

(23)污泥消化处理区域内工作人员应配备防静电工作服和工作鞋。

(24)污泥消化处理区域及除臭设施防护范围内,严禁明火作业。

(25)对可能含有有毒有害气体或可燃性气体的深井、管道、构筑物等设施、设备进行维护、维修操作前,必须在现场对有毒有害气体进行检测,不得在超标的环境下操作,所有参与操作的人员应佩戴防护装置,直接操作者应在可靠的监护下进行,并应符合国家现行标准《城镇排水管道维护安全技术规程》(CJJ 6—2009)的规定。

(26)在易燃易爆、有毒有害气体、异味、粉尘和环境潮湿的场所,应进行强制通风,确保安全。

(27)消防器材的设置应符合消防部门有关法规和标准的规定,并应按相关规定的要求定期检查、更新,保持完好有效。

(28)雨天或冰雪天气,应及时清除走道上的积水或冰雪,操作人员在构筑物上巡视或操作时,应注意防滑。

(29)雷雨天气,操作人员在室外巡视或操作时应注意防雷电。

(30)对栅渣、浮渣、污泥等废弃物的输送系统应定期做维护保养,在室内设置的除渣、除泥等系统,应保持室内良好的通风条件。

三、维护保养

(1)运营管理、操作和维护人员应按要求巡视检查设施设备的运营状况,并做好记录。

(2)对厂内各种管线应定期进行检查和维护,并做好记录。

(3)设施设备的使用与维护保养应按照设施设备的操作规程和维修保养规定执行。

(4)设施设备应保持清洁,及时处理跑、冒、滴、漏、堵等问题。

(5)水处理构筑物堰口、排渣口、池壁应保持清洁完好。

(6)根据不同机电设备要求,应定期添加或更换润滑剂,更换出的润滑剂应按规定妥善处置。

(7)对构(建)筑物的结构及各种闸阀、护栏、爬梯、管道、井盖、盖板、支架、走道桥、照明设备和防雷电设施等应定期进行检查、维修及防腐处理,应保持其完好。

(8)对各种设备连接件应经常检查和紧固,并应定期更换易损件。

(9)对各类机械设备进行检修时,必须保证其同轴度、静平衡或动平衡等技术要求。

(10)对高(低)压电气设备、电缆及其设施,应定期检查和检测,并应保证其性能完好。

(11)电缆桥架、控制柜(箱)应定期检查并清洁,发现安全隐患,应及时处理;应做好电缆沟雨水及地下渗水的排除工作。

(12)对各类仪器、仪表进行检查和校验应定期进行。

(13)各种设施、设备的日常维护保养,并进行大、中、小修,应按要求进行。

(14)设施、设备维修前,应做好必要的检查,并制定维修方案及安全保障措施;设施、设备修复后,应及时组织验收,合格后方可交付使用。

(15)构(建)筑物及自控系统等避雷、防爆装置的测试、维修方法及其周期应符合国家现行有关规定。

(16)操作人员发现运营异常时,应做好相应处理并及时上报,同时做好记录。

四、技术指标

(1)城镇污水处理厂的进、出水水质应符合设计文件的规定。

(2)城镇污水处理厂年处理水量应达到计划指标的 95%以上。

(3)设施、设备、仪器、仪表的完好率均应达 95%以上。

(4)各类设备在运转中噪声均应小于 85 dB。厂界噪声应符合现行国家标准《工业企业厂界环境噪声排放标准》(GB 12348—2008)的有关规定。

(5)各种化学药剂、危险化学品及有毒有害药品的使用单位,必须备有安全技术说明书及完善的规章制度。

任务实施

污水处理系统维护技术要点

一、活性污泥法

(一)混合反应池的运营管理技术要点

(1)应按设计要求和运营工况,控制流速、水位、停留时间等。

(2)采用机械搅拌的混合反应池,应根据实际运营状况设置搅拌梯度。

(3)药液与水的接触混合应快速、均匀。

(4)应定期排除混合反应池、配水池内的积泥。

(5)混合反应池设施设备应每年检修一次,并做好防腐处理,应及时维修更换损坏部位。

(二)过滤池运营管理技术要点

(1)应根据过滤池水头损失或过滤时间进行反冲洗。

(2)冲洗前应检查排水槽、排水管道是否畅通。

(3)进行气水冲洗时,气压必须恒定,严禁超压。

(4)水力冲洗强度应为 8~17 $L/m^2 \cdot s$,冲洗时滤料膨胀率应约在 45%;

(5)进水浊度宜控制在 10 NTU 以下,滤后水浊度不得大于 5 NTU;

(6)应定期对滤层做抽样检查,含泥量大于 3%时应进行滤料清洗或更换;

(7)对于新装滤料或刚刚更换滤料的滤池,应进行清洗处理后方可使用;

(8)长期停用的过滤池,应使池中水位保持在排水槽之上。

(三)清水池运营管理技术要点

(1)应设定运营水位的上限和下限,严禁超上限或下限水位运营。

(2)池顶严禁堆放有可能污染水质的物品或杂物;当池顶种植植物时,严禁施放各种肥料、药物。

(3)应至少每 2 年排空清刷 1 次池体。

(4)应采取有效的防止雨水、污水倒流和渗透到清水池内的措施。

(5)应设置清水池水质检测点,每日监测化验不得少于 1 次;当发现水质超标时,应立即采取措施。

(6)应每年检查仪表孔、通气孔、人孔等处的防护措施是否良好,并应对清水池内外的金属构件做防腐处理。

二、膜处理工艺

(一)粗过滤系统清水池运营管理技术要点

(1)连续微滤系统启动前,应先检查粗过滤器是否处于自动状态。

(2)系统开机前,应同时打开进水阀和出水阀,然后关闭旁通阀转为过滤器供水,并应打开过滤器上的排气阀,排除罐内空气后,关闭排气阀。

(3)当需要切换启动备用水泵时,应使过滤器处于手动自清洗运营状态。

(4)应每日检查进出口压力表,检查自清洗是否彻底;否则,应加长自清洗时间或手动自清洗时间。

(5)应经常观察浊水腔和清水腔压力表,如发现异常,需及时处理。

(6)应每月定期排污 1 次。

(7)应每半年拆卸 1 次清洗过滤柱。

(二)微过滤膜系统清水池运营管理技术要点

(1)微过滤膜系统启动前,应做好如下准备工作:

①粗过滤器应处于自动状态;

②应确认空气压缩系统处于正常状态;

③系统进水泵应处于自动状态;

④应确认水源供应正常。

(2)应定时巡查过滤单元,发现异常情况,及时处理。

(3)应定时排放压缩空气储罐内的冷凝水。

(4)当单元的过滤阻力值超出规定值时,应及时进行化学清洗。

(5)系统需要停机时,应在正常滤水状态下进行。

(6)停机时间超过 5 天,应将微过滤膜浸泡在专用药剂中保存。

(7)外压式微滤膜系统每季度必须进行一次声呐测试,膜元件出现问题,应及时隔离和修补。

(8)微滤膜系统在化学清洗时不得将单元内水排空;设备维修时必须将单元内水排空。

（三）反渗透系统运营管理技术要点

（1）应根据进水水质定期校核阻垢剂的添加浓度。

（2）设备停机超过 24 h，应将膜厂商指定的专用药液注入膜压力容器内将膜浸润。

（3）应巡查反渗透系统管道及膜压力容器，发现漏水，及时处理。

（4）根据系统的污染情况，应定期进行化学清洗（酸洗、碱洗），清洗周期应根据单元的操作环境和污染程度确定，并应符合下列规定：

①化学清洗前，必须严格遵守安全规定；再操作和处理化学药品时必须佩戴劳动防护用品；

②进行化学清洗时，应保证设备处于停止状态。

评价

评一评

评价指标		评价主体		
一级指标	二级指标	学生自评	学生互评	教师评价
知识目标	了解污水处理厂的运营与维护及管理制度基本规定			
	了解污水处理厂的运营与维护及管理安全操作制度			
	了解污水处理厂的运营与维护及管理维护保养制度			
	了解污水处理厂的运营与维护及管理技术指标			
能力目标	掌握活性污泥法膜处理工艺运营技术要点			
	制定污水处理厂的运营与维护及管理基本制度			
素质目标	具备基本安全素养			

总 结 反 思

任务 9.2　工艺单元运营与维护制度

工单编号		姓名：	班级：
面向专业		学号：	学时：

教学目标

了解污水处理厂工艺单元运营与维护制度基本规定必备知识点。

任务必备知识点

污水处理厂工艺单元运营与维护制度必备知识点

一、格栅

(1)格栅开机前,应检查系统是否具备开机条件,经确认后方可正常启动。

(2)粉碎型格栅应连续运营。

(3)拦截型格栅,应及时清除栅条(鼓、耙)、格栅出渣口及机架上悬挂的杂物,应定期对栅条校正;当汛期及进水量增加时,应加强巡视,增加清污次数。

(4)对栅渣应及时处理或处置。

(5)格栅运营中应定时巡检,发现设备异常,应立即停机检修。

(6)对传动机构应定期检查,并应保证设备处于良好的运营状态。

(7)对粉碎型格栅刀片组的磨损和松紧度应定期检查,并及时调整或更换。

(8)长期停止运营的粉碎型格栅,应吊离污水池,不得长期浸泡在污水池中,并做好设备的清洁保养工作。

(9)检修格栅或人工清捞栅渣时,应切断电源,并在有效监护下进行,进行临时性强制性通风。

(10)应按工艺要求开启格栅机的台数,污水的过栅流速宜为 0.6~1.0 m/s。

(11)污水通过格栅的前后水位差宜小于 0.3 m。

二、进水泵房

(1)水泵开启台数应根据进水量的变化和工艺运营情况调节。

(2)多台水泵由同一台变压器供电时,不得同时启动,应由大到小逐台间隔启动。

(3)当泵房突然断电或设备发生重大事故时,在岗员工应立刻报警,并启动应急预案。

(4)水泵在运营中,必须执行巡回检查制度,并应符合下列规定:

①应观察各种仪表显示是否正常、稳定；

②轴承温升不得超过环境温度 35 ℃或设定的温度；

③应检查水泵填料压盖处是否发热，滴水是否正常，否则应及时更换填料；

④水泵机组不得有异常的噪声或振动。

(5)水泵运营中发现下列情况时，必须立即停机：

①水泵发生断轴故障；

②电机发生严重故障；

③突然发生异常声响或振动；

④轴承温升过高；

⑤电压表、电流表、流量计的显示值过低或过高；

⑥机房管线进(出)水管道、闸阀发生大量漏水。

(6)潜水泵运营时，应符合下列规定：

①应观察和记录反映潜水泵运营状态的信息，并应及时处理发现的问题；

②应定期检查和更换潜水泵油室的油料和机械密封件，操作时严禁损伤密封件端面和轴；

③起吊和吊放潜水泵时，严禁直接牵提泵的电缆。

(7)对油冷却螺旋离心泵的冷却油液位应定期检查。

(8)对泵房的集水池应每年至少清洗一次，应检修集水池水位标尺或液位计及其转换装置，并按照检测周期效验泵房内的硫化氢检测仪表及报警装置。

(9)对叶轮、闸阀、管道的堵塞物应及时清除。

(10)集水池的水位变化应定时观察，集水池的水位宜设定在最高和最低水位范围内。

三、沉砂池

(1)各类沉砂池均应根据池组的设置与水量变化情况调节进水闸阀的开启度。

(2)沉砂池的排砂时间和排砂频率应根据沉砂池类别、污水中含砂量及含砂量的变化情况设定。

(3)曝气沉砂池的空气量应根据水量的变化进行调节。

(4)沉砂量应有记录统计，并定期对沉砂颗粒进行有机物含量分析。

(5)当采用机械除砂时，应符合下列规定：

①除砂机械应每日至少运营一次；操作人员应现场监视，发现故障，及时处理；

②应每日检查吸砂机的液压站油位，并应每月检查除砂机的限位装置；

③吸砂机在运营时，同时在桥架上的人数，不得超过允许的重量荷载。

(6)对沉砂池排出的砂粒和清捞出的浮渣应及时处理或处置。

(7)对沉砂池应定期进行清池处理并检修除砂设备。

(8)对沉砂池上的电气设备应做好防潮湿，抗腐蚀处理。

(9)旋流沉砂池的搅拌器应保持连续运转，并合理设置搅拌器叶片的转速；当搅拌器发生故障时，应立即停止向该池进水。

(10)采用气提式排砂的沉砂池,应定期检查储气罐安全阀、鼓风机过滤芯及气提管,严禁出现失灵、饱和及堵塞的问题。

(11)沉砂池除臭可参照《城镇污水处理厂运营、维护及安全技术规程》(CJJ 60—2011)中有关除臭的规定。

(12)各类沉砂池的运营参数应符合设计要求,可按照表9.2.1中的规定确定。

表9.2.1　各类沉砂池的运营参数

池型	停留时间/s	流速/(m/s)	曝气强度/(m^3 气/m^3 水)	表面水力负荷/[m^3/(m^2·h)]
平流式沉砂池	30~60	0.15~0.3	—	—
竖流式沉砂池	30~60	0.02~0.1	—	—
曝气式沉砂池	120~240	0.06~0.12(水平流速) 0.25~0.3(旋流速度)	0.1~0.2	150~200
比式沉砂池	>30	0.6~0.9	—	150~200
钟式沉砂池	>30	0.15~1.2	—	—

(13)沉砂颗粒中的有机物含量宜小于30%。

四、初次沉淀池

(1)操作人员应根据池组设置、进水量变化,调节各池进水量,使各池配水均匀。

(2)对沉淀池的沉淀效果,应定期观察,根据污泥沉降性能、污泥界面高度、污泥量等确定排泥的频率和时间。

(3)沉砂池堰口应保持出水均匀,并不得有污泥溢出。

(4)对浮渣斗和排渣管道的排渣情况,应经常检查,排出的浮渣应及时处理或处置。

(5)共用配水井(槽、渠)和集泥井(槽、渠)的初次沉淀池,且采用静压排泥的,应平均分配水量,并应按相应的排泥时间和频率排泥。

(6)刮泥机运营时,不得多人同时在刮泥机走道上滞留。

(7)根据运营情况应定期对斜板(管)和池体进行冲刷,并应经常检查刮泥机电机的电刷、行走装置、浮渣刮板、刮泥板等易磨损件,发现损坏应及时更换。

(8)对斜板(管)及附属设备应定期进行检修。

(9)初次沉淀池宜每年排空1次,清理配水渠、管道和池体底部积泥并检修刮泥机及水下部件等。

(10)辐流式初次沉淀池刮泥机长时间待修或停用时,应将池内污泥放空。

(11)初次沉淀池的运营参数应符合设计要求,可按照表9.2.2中的规定确定。

表 9.2.2　初次沉淀池的运营参数

池型	表面负荷/($m^3/m^2 \cdot h$)	停留时间/h	含水率/%
平流式沉淀池	0.8-2.0	1.0~2.5	95~97
辐流式沉淀池	1.5~3.0	1.0~2.0	95~97

(12)当进水浓度符合设计进水指标时,出水 BOD5、CODcr、SS 的去除率应分别大于25%、30%和40%

五、初次沉淀污泥泵房

(1)污泥泵的运营台数和排泥时间应根据运营工况确定。

(2)在半地下式或地下式污泥泵房检查维修时,应保证工作间内良好的通风换气。

六、生物反应池

(1)调节各池进水量,应根据设计能力及进水水量,按池组设置数量及运营方式确定,使各池配水均匀;对于多点进水的曝气池,应合理分配进水量。

(2)污泥负荷、泥龄或污泥浓度可通过剩余污泥排放量进行调整。

(3)根据不同工艺的要求,应对溶解氧进行控制。好氧池溶解氧浓度宜为 2~4 mg/L;缺氧池溶解氧浓度宜小于 0.5 mg/L;厌氧池溶解氧浓度宜小于 0.2 mg/L。

(4)生物反应池内的营养物质应保持平衡。

(5)运营管理人员应每天掌握生物反应池的 pH 值、DO、MLSS、MLVSS、SV、SVI、水温等工艺控制指标,并通过微生物镜检检测生物池活性污泥的生物相,观察活性污泥颜色、状态、气味及上清液透明度等,及时调整运营工况。

(6)当发现污泥膨胀、污泥上浮等不正常的状况时,应分析原因针对具体情况调整系统运营工况,应采取有效措施恢复正常。

(7)当生物反应池水温较低时,应采取适当延长曝气时间、提高污泥浓度、增加泥龄或其他方法,保证污水的处理效果。

(8)根据出水水质的要求及不同运营工况的变化,应对不同工艺流程生物反应池的回流比进行调整与控制。

(9)当生物池中出现泡沫、浮泥等异常现象时,应根据感观指标和理化指标进行分析,并应采取相应的调控措施。

(10)操作人员应经常排放曝气系统空气管路中的存水,并应及时关闭放水阀。

(11)应经常观察生物反应池曝气装置和水下推动(搅拌)器的运营和固定情况,发现问题,应及时修复。

(12)采用 SBR 工艺时,应合理调整和控制运营周期,并应按照设备要求定期对滗水器进行检查、清洁和维护,对虹吸式滗水器还应进行漏气检查。

(13)对曝气生物滤池,应按设计要求进行周期反冲洗并控制气、水反冲洗强度。

(14)应定期对金属材质的空气管、挡墙、法兰接口或丝网进行检查,发现腐蚀或磨损,应及时处理。

(15)较长时间不用的橡胶材质曝气器,应采取相应措施避免太阳曝晒。

(16)对生物反应池上的浮渣、附着物以及溢到走道上的泡沫和浮渣,应及时清除,并应采取防滑措施。

(17)采用除磷脱氮工艺时,应根据水质要求及工况变化及时调整溶解氧浓度、碳氮比及污泥回流比等。

(18)采用化学除磷工艺进行除磷时,应符合如下有关规定。

①选择适宜的除磷化学药剂、投加量和药剂投加点,按工艺要求的不同,可采用一点或多点投加。

②化学药剂投加后,应保证污水充分混合,并应保持一定的反应时间。

③对生物反应池中的混合液的 pH 值和碱度,应每 8 h 检测一次并及时调整。

④湿式投料罐及附属投料设备的密封闭情况应每 8 h 检查一次。

⑤药剂投加管道应保持通畅。

⑥对药剂储罐的液位计,应每 2 h 检查 1 次。

⑦采用水稀释的药液系统,应每天检查供水的压力和流量。

(19)生物反应池的运营参数可按表 9.2.3 规定确定。

表 9.2.3　生物反应池的运营参数

生物处理类型		污泥负荷/(kgBOD5/kgMLSS·d)	泥龄/d	外回流比/%	内回流比/%	MLSS/(mg/L)	水力停留时间/h
传统活性污泥法		0.2~0.4	4~15	25~75	—	1 500~2 500	4~8
吸附再生法		0.2~0.4	4~15	50~100	—	2 500~6 000	吸附段 1~3
阶段曝气法		0.2~0.4	4~15	25~75	—	1 500~3 000	3~8
合建式完全混合曝气法		0.25~0.5	4~15	100~400	—	2 000~4 000	3~50
A/O 法(厌氧/好氧法)		0.1~0.4	3.5~7	40~100	—	1 800~4 500	3~8(厌氧段 1~2)
A/A/O 法(厌氧/缺氧/好氧法)		0.1~0.3	10~20	20~100	200-400	2 500~4 000	7~14(厌氧段 1~2,缺氧段 0.5~3.0)
倒置 A/A/O 法		0.1~0.3	10~20	20~100	200-400	2 500~4 000	
AB 法	A 段	3~4	0.4~0.7	<70	—	2 000~3 000	0.5
	B 段	0.15~0.3	15~20	50~100	—	2 000~4 000	0.5
传统 SBR 法		0.05~0.15	20~30	—	—	4 000~6 000	4~12
DAT-IAT 法		0.045	25	—	400	4 500~5 500	8~12

表 9.2.3(续)

生物处理类型	污泥负荷/(kgBOD5/kgMLSS·d)	泥龄/d	外回流比/%	内回流比/%	MLSS/(mg/L)	水力停留时间/h
CAST 法	0.070~0.18	12~25	20~35	—	3 000~5 500	16~12
LUCAS/UNITANK 法	0.05~0.10	15~20	—	—	2 000~5 000	8~12
MSBR 法	0.05~0.13	8~15	30~50	130~150	2 200~4 000	12~18
ICEAS 法	0.05~0.15	12~25	—	—	3 000~6 000	14~20
卡鲁塞尔式氧化沟	0.05~0.15	12~25	75~150	—	3 000~5 500	≥16
奥贝尔式氧化沟	0.05~0.15	12~18	60~100	—	3 000~5 000	≥16
双沟式(DE 型氧化沟)	0.05~0.10	10~30	60~200	—	2 500~4 500	≥16
三沟式氧化沟	0.05~0.10	20~30	—	—	3 000~6 000	≥16
生物处理类型	污泥负荷(kgBOD5/kgMLSS·d)	泥龄/d	外回流比/%	内回流比/%	MLSS(mg/L)	水力停留时间/h
水解酸化法	-0.05~0.15	15~20	-50~150	—	7 000~15 000	5~14
延时曝气法		20~30			3 000~6 000	18~36

(20)生物膜法的运营参数可按表 9.2.4 中的规定确定。

表 9.2.4　生物膜法的运营参数

工艺	水力负荷/($m^3/m^2 \cdot d$)	转盘速度/(r/min)	BOD 负荷/($kg/m^3 \cdot d$)	反冲洗周期/h	反冲洗水量/%
曝气生物滤池(BIO)	—	—	—	14~40	5~12
低负荷生物滤池	1~3	—	0.15~0.30	—	—
高负荷生物滤池	10~30	—	0.8~1.2	—	—
生物转盘	0.08~0.2	0.8~3.0	0.005~0.02	—	—

七、二次沉淀池

二次沉淀池的运行如图 9.2.1 所示。

(1)调节各池进水量,应根据池组设置、进水量变化,保证各池配水均匀。

(2)二次沉淀池污泥排放量可根据生物反应池的水温、污泥沉降比、混合液污泥浓度、污泥回流比、泥龄及二次沉淀池污泥界面高度确定。

(3)对出水堰口,应经常观察,保持出水均匀;应保持堰板与池壁之间密合,不漏水。

(4)操作人员应经常检查刮吸泥机以及排泥闸阀,应保证吸泥管、排泥管路畅通,并保证各池均衡运营。

(5)对设有积泥槽的刮吸泥机,应定期清除槽内污物。

图 9.2.1　二次沉淀池

(6)池内污水宜每年将排空 1 次,并进行池底清理以及刮吸泥机水下部件的检查、维护。

(7)当二次沉淀池出水出现浮泥等异常情况时,应查明原因并及时处理。

(8)二次沉淀池长期停运 10 d 以上时,应将池内积泥排空,并对刮吸泥机采取防变形措施。

(9)刮吸泥机在运营时,同时在桥架上的人数,不得超过允许的质量荷载。

(10)二次沉淀池的运营参数可按表 9.2.5 中的规定确定。

表 9.2.5　二次沉淀池的运营参数

池型		表面负荷/[$m^3/(m^2 \cdot h)$]	固体负荷/[$kg/(m^2 \cdot d)$]	停留时间/h	污泥含水率/%
平流式沉淀池	活性污泥法后	0.6~1.5	≤150	1.5~4.0	99.2~99.6
	生物膜法后	1.0~2.0	≤150	1.5~4.0	96.0~98.0
中心进周边出辐流式沉淀池		0.6~1.5	≤150	1.5~4.0	99.2~99.6
周进周出辐流式沉淀池		1.0~2.5	≤240	1.5~4.0	98.8~99.0

八、回流污泥泵房

(1)回流比应根据生物反应池的污泥浓度及污泥沉降性能,调节回流比,确定回流污泥泵开启数量。

(2)对泵房集泥池内杂物应及时清捞。

(3)对回流泵的泵体、叶轮、叶片应定期检查。

(4)对带有耐磨内衬螺旋离心泵的叶轮与内衬的间隙,应定期检查,并应及时调整。

(5)长期停用的螺旋泵应每周旋转180°,并应每月至少试机1次。

(6)寒冷季节,启动螺旋泵时,应检查其泥池内是否结冰。

九、剩余污泥泵房

系统中的剩余污泥应及时排除。

十、供气系统

(1)调节鼓风机的供气量,应根据生物反应池的需氧量确定。

(2)当鼓风机及水(油)冷却系统因突然断电或发生故障时,应采取措施。

(3)鼓风机叶轮严禁倒转。

(4)鼓风机房应保证良好的通风。正常运营时,出风管压力不应超过设计压力值。停止运营后,应关闭进、出气闸阀或调节阀。长期停用的水冷却鼓风机,应将水冷却系统的存水放空。

(5)鼓风机在运营中,应定时巡查风机及电机的油温、油压、风量、风压、外界温度、电流、电压等参数,并填写记录报表。当遇到异常情况不能排除时,应立即按操作程序停机。

(6)对鼓风机的进风廊道、空气过滤及油过滤装置,应根据压差变化情况适时清洁;并应按设备运营要求进行检修或更换已损坏的部件。

(7)对备用的鼓风机转子与电机的联轴器,应定期手动旋转一次,并更换原停置角度。

(8)对鼓风系统消声器消声材料及导叶的调节装置,应定期检查,当有腐蚀、老化、脱落现象时,应及时维修或更换。

(9)使用微孔曝气装置时,应进行空气过滤,并应对微孔曝气器、单孔膜曝气器进行定期清洗。

(10)对横轴表曝机两侧的轴承应定期补充润滑剂,并应检查减速机的油位和减速机通气帽是否畅通。

(11)长期停止运营的横轴曝气机,必须切断电源,减速机加满润滑油,应定期调整水平轴的静置方位并固定。

(12)调整表面曝气设备的浸没深度和转速,应根据运营工况确定,并应保证最佳充氧能力和推流效果。

(13)正常运营的罗茨式鼓风机,严禁完全关闭排气阀,不得超负荷运营。

(14)对以沼气为动力的鼓风机,应严格按照开停机程序进行,每班加强巡查,并应检查气压、沼气管道和闸阀,发现漏气应及时处理。

(15)鼓风机运营中严禁触摸空气管路。维修空气管路时,应在散热降温后进行。

(16)调节出风管闸阀时,应避免发生喘振。

(17)按照运营维护周期,在卸压的情况下应对安全阀进行各项功能的检查。

(18)在机器间巡视或工作时,应与联轴器等运转部件保持安全距离。

(19)进入鼓风机房时,应佩戴安全防护耳罩等。

十一、消毒

(1)采用二氧化氯消毒时,必须符合下列安全规定:

①盐酸的采购和存放应符合国家现行有关标准的规定;

②固体氯酸钠应单独存放,且与设备间的距离不得小于 5 m;库房应通风阴凉;

③在搬运和配制氯酸钠过程中,严禁用金属器件锤击或摔击,严禁明火;

④操作人员应戴防护手套和眼镜。

(2)采用二氧化氯消毒时,应符合下列技术规定:

①应根据水量及对水质的要求确定加药量;

②应定期清洗二氧化氯原料灌口闸阀中的过滤网;

③开机前应检查防爆口是否堵塞,并应确保防爆口处于开启状态;

④开机前应检查水浴补水阀是否开启,并应确认水浴箱中自来水是否充足;

⑤停机时加药泵停止工作后,设备应再运营 30 min 以后,方可关闭进水;

⑥停机时,应关闭加热器电源。

(3)采用次氯酸钠消毒时,应符合下列规定:

①应根据水量及对水质的要求确定加药量;

②应每月清洗 1 次次氯酸钠发生器电极;

③应将药剂贮存在阴暗干燥处和通风良好的清洁室内;

④运输时应有防晒、防雨淋等措施;并应避免倒置装卸。

(4)采用液氯消毒时,应符合下列规定:

①应每周检查 1 次报警器及漏氯吸收装置与漏氯检测仪表的有效联动功能,并应每周启动 1 次手动装置,确保其处于正常状态;

②氯库应设置漏氯检测报警装置及防护用具;

③加氯量应根据水质、水量、水温和 pH 值等具体情况确定;

④应每月检查并维护漏氯检测仪 1 次,每周对防毒面具检查 1 次;

⑤漏氯吸收装置宜每 6 个月清洗 1 次;

⑥加氯时应按加氯设备的操作规程进行,停泵前应关闭出氯总闸阀;

⑦加氯间的排风系统,在加氯机工作前应通风 5~10 min;

⑧应制定液氯泄漏紧急处理预案和程序;

⑨加氯设施较长时间停置,应将氯瓶妥善处置;重新启用时,应按加氯间投产运营的检

查和验收方案重新做好准备工作；

⑩开、关氯瓶闸阀时，应使用专用扳手，用力均匀，严禁锤击，同时应进行检漏；

⑪氯瓶的管理应符合现行的国家标准《氯气安全规程》(GB 11984—2008)的规定；

⑫采用液氯消毒时，运营参数应可按表 9.2.6 中的规定确定。

表 9.2.6 液氯消毒的运行参数

项目	接触时间/min	加氯间内氯气的最高容许浓度/(mg/m^3)	出水余氯量/(mg/L)
污水	≥30	1	—
再生水	≥30	1	≥0.2(城市污水)
			≥0.05(工业废水)
			≥1.00~1.50(农田灌溉)
			≥0.05(景观环境水)

(5)采用紫外线消毒时，应符合下列技术规定：

①消毒水渠无水或水量达不到设备运营水位时，严禁开启设备。

②无论是否具备自动清洗机构，都必须根据污水水质和现场污水实际处理情况定期对玻璃套管进行人工清洗；

③应定期更换紫外灯、玻璃套管、玻璃套管清洗圈及光强传感器；

④应定期清除溢流堰前的渠内淤泥；

⑤应满足溢流堰前有效水位，确保紫外灯管的淹没深度；

⑥在紫外线消毒工艺系统上工作或参观的人员必须做好防护；非工作人员严禁在消毒工作区内停留；

⑦设备灯源模块和控制柜必须严格接地，避免发生触电事故；

⑧人工清洗玻璃套管时，应戴橡胶手套和防护眼镜；

⑨采用紫外线消毒的污水，其透射率应大于 30%。

(6)采用臭氧消毒时，应符合下列技术规定：

①应定期校准臭氧发生间内的臭氧浓度探测报警装置；当发生臭氧泄漏事故时，应立即打开门窗并启动排风扇；

②臭氧发生器的开启和关闭应滞后于臭氧系统的其他设备，操作人员必须严格按照系统的启动和停机顺序进行操作；

③应根据温度、湿度高低，增减空压缩机的排污次数；

④空气压缩机必须设有安全阀，应保证其在规定的压力范围内工作，当系统中的压力超过设定压力时，应检查超压原因并排除故障；

⑤水冷式空气压缩机应根据季节温度调节冷却水量。循环冷却水进水温度宜控制在 20 ℃~32 ℃，出水温度不应超过 38 ℃；

⑥干燥机的运营在满足用气质量要求的前提下，应尽量减少再生气消耗量；

⑦冬季或臭氧发生器长时间不工作，应把系统内设备的水排净；

⑧采用尾气破坏器进行尾气处理时，应定期检查催化剂使用效果，及时更换催化剂。

⑨应每月对空气压缩机、干燥机、预冷机、臭氧发生器等进行维护保养；

⑩每年应至少对臭氧接触及尾气吸收设施进行清刷 1 次，油漆铁件 1 次。

评价

评一评

评价指标		评价主体		
一级指标	二级指标	学生自评	学生互评	教师评价
知识目标	了解污水处理厂的运营与维护制度基本规定			
	了解污水处理厂的运营与维护安全操作制度			
	了解污水处理厂的运营与维护保养制度			
	了解污水处理厂的运营与维护技术指标			
能力目标	制定污水处理厂运营管理基本制度			
素质目标	具备基本安全素养			

总 结 反 思

任务 9.3　污泥处理设施设备运营与维护制度

工单编号		姓名：	班级：
面向专业		学号：	学时：

教学目标

了解污水处理厂污泥处理设施设备运营与维护制度必备知识点。

任务必备知识点

污泥处理与处置

一、稳定均质池

(1)应定期巡视稳定均质池，观察池内混合液液位及搅拌器、污泥泵等设备运营状况。

(2)对稳定均质池的污泥含固率应每日监测 1 次，其含固率宜为 2%~3%。

(3)对稳定均质池内的杂物应及时清除。

(4)当稳定均匀池停运 1 周时，应将污泥排空。

(5)对稳定均匀池内搅拌器等配套设备应定期检修。

二、浓缩池

(1)重力浓缩池运营维护保养技术要点：

①刮泥机宜连续运营；

②可采用间歇排泥方式，并应控制浓缩池排泥周期和时间；

③刮泥机不得长时间停机和超负荷运营；

④应及时清除浮渣、刮泥机上的杂物及集水槽中的淤泥；当长期停用时，应将污泥排空；

(2)气浮浓缩池运营管理、维护保养、安全操作等应符合下列规定：

①气浮浓缩池及溶气水系统应 24 h 连续运营；

②气浮浓缩池宜采用连续排泥；当采用间歇排泥时，其间歇时间可为 2~4 h；

③应保持压缩空气的压力稳定，宜通过恒压阀控制溶气水饱和罐进气压力，压力设定宜为 0.3~0.5 mPa；

④刮泥机不得长时间停机和超负荷运营；

⑤应及时清捞出水堰的浮渣，并清除刮吸泥机走道上的杂物；

⑥应保证气浮池池面污泥密实；

⑦应保证上清液清澈；

⑧气浮浓缩池应无底泥沉积；

⑨气浮浓缩池宜用于剩余活性污泥的浓缩，不应投加混凝剂；

⑩当刮泥机在长时间停机后再开启时，应先点动、后启动。当冬季有结冰时，应先破坏冰层、再启动；

⑪排泥时，应观察贮泥池液位，不得漫溢；

⑫加压溶气罐的压力表应每 6 个月检查、校验 1 次；

⑬应经常清理池体堰口、刮泥机搅拌栅及溶气水饱和罐内的杂物；

⑭应经常检查压缩空气系统畅通情况，并及时排放压缩空气系统内的冷凝水。

三、污泥厌氧消化池

污泥厌氧消化池运营与维护保养技术要点：

(1)应按一定投配率依次均匀投加新鲜污泥，并应定时排放消化污泥；

(2)新鲜污泥投加到消化池，应充分搅拌、保证池内污泥浓度混合均匀，并应保持消化温度稳定；

(3)对池外加温且为循环搅拌的消化池，投泥和循环搅拌宜同时进行；

(4)对采用沼气搅拌的消化池，在产气量不足或在消化池启动期间，应采取辅助措施进行搅拌；

(5)对采用机械搅拌的消化池，在运营期间应监控搅拌器电机的电流变化；

(6)应定期检测池内污泥的 pH 值、脂肪酸、总碱度，进行沼气成分的测定，并应根据监测数据调整消化池运营工况；

(7)应保持消化池单池的进、排泥的泥量平衡；

(8)应定期检查静压排泥管的通畅情况；

(9)宜定期排放二级消化池的上清液；

(10)应定期检查二级消化池上清液管的通畅情况；

(11)应每日巡视并记录池内的温度、压力和液位；

(12)应定期检查沼气管线冷凝水排放情况；

(13)应定期检查消化池及其附属沼气管线的气体密闭情况，并应及时处理发现的问题；

(14)应定期检查消化池污泥的安全溢流装置；

(15)应定期校核消化池内监测温度、压力和液位等的各种仪表；

(16)应定期检查和校验沼气系统中的压力安全阀；

(17)当消化池热交换器长期停止使用时，应关闭通往消化池的相关闸阀，并应将热交换器中的污泥放空、清洗。螺旋板式热交换器宜每 6 个月清洗 1 次，套管式热交换器宜每年清洗 1 次；

(18)连续运营的消化池，宜 3~5 年彻底清池、检修 1 次；

(19)投泥泵房、阀室应设置可燃气体报警仪,并应定期维修和校验;

(20)池顶部应设置避雷针,并应定期检查遥测;

(21)空池投泥前,气相空间应进行氮气置换。

四、污泥浓缩脱水

(1)应根据污泥的理化性质,通过试验选择合适的絮凝剂,并应确定最佳投加量。带式脱水机还应选择合适的滤布。

(2)应及时调整带式浓缩机、带式脱水机絮凝剂投加量、进泥量、带速、滤布张力和污泥分布板,使滤布上的污泥分布均匀,控制污泥含水率,滤液含固率应小于 10%。

(3)应巡视检查带式脱水机反冲洗水系统、滤布纠偏系统和投药系统,当发现异常时,应及时维修。

(4)应及时调整离心浓缩机、离心脱水机絮凝剂投加量、进泥量、扭矩和差速,控制污泥含水率,滤液含固率应小于 5%。

(5)停机前应先关闭进泥泵、加药泵;停机后应间隔 30 min 方可再次启动。

(6)应定期清理破碎机清淘系统,经常检查破碎机刀片磨损程度并应及时更换。

(7)各种污泥浓缩、脱水设备脱水工作完成后,都应立即将设备冲洗干净,带式脱水机应将滤布冲洗干净。

(8)污泥脱水机械带负荷运营前,应空载运转数分钟。

(9)应经常清洗溶药系统,防止药液堵塞;在溶药池边工作时,应注意防滑,同时应将撒落在池边、地面的药剂清理干净。

(10)应保持机房内通风良好。

(11)浓缩机投药量(干药/干泥)应控制在 2~4 kg/t;脱水机投药量(干药/干泥)应控制在 3~5 kg/t。脱水后污泥含水率应小于 80%。

五、污泥干化

当流化床式污泥干化机运营时,应连续监测气体回路中的氧含量浓度,严禁在高氧量下连续运营。

流化床式污泥干化机的运营管理、安全操作、维护保养等应符合下列规定:

(1)污泥泵启动运营必须在自动模式下进行;

(2)分配器的启动必须在自动模式下进行;

(3)湿污泥的破碎尺度应以易被干燥机分配流化而定;

(4)可根据干化系统污泥的需要量调节分配器;

(5)分配器在运营中,应注意观察油杯的自动加油状况;

(6)分配器转速应保持平稳,发现振动或电压、电流异常波动且不能排除时,应立即停机;

(7)干化系统的运营必须按自动程序完成,运营中应监视干化机的流化状态和床体的温度等各类参数值的变化；

(8)干化系统的设备及各部件间的连接口、检查孔应保持良好的密封性；

(9)应控制循环气体回路的流量在一定范围内，并应保持良好的流化状态；

(10)应连续监测气体回路中的氧含量浓度，严禁在高氧量下连续运营；

(11)干化机每运营3个月应对热交换器、风帽、气水分离器、高水位报警点、风室挡板等进行全面检查、清理，并应对所有的密封磨损情况进行详细的检查和记录；

(12)检修或调换分配器的滚轮时，应使其嘴片盒的间隙满足要求；

(13)应定期检查旋风分离器内壁的磨损、变形、积灰、漏点及浸没管的浸没深度等情况；

(14)应调节冷凝换热器的进水量，保证气体回路冷凝后的气体温度满足工艺要求；

(15)气水分离器底部的冲洗不得间断，并缓慢调节其进水量，必须保证排水管道通畅；

(16)干燥机出口压力应控制在允许的范围内；

(17)当需要进入容器内检修时，必须做好安全防护；

(18)循环回路气体温度应控制在规定范围内；

(19)干化系统运营中或暂停时，不得停止排气风机的运转。

六、污泥堆肥

1. 污泥堆肥前期混合调整段的运营管理、安全操作和维护保养应符合下列规定

(1)当用锯末、秸秆、稻壳等有机物做膨松剂时，污泥、膨松剂和返混干污泥等物料经混合后，其含水率应小于65%；

(2)当无膨松剂时，污泥与返混干污泥等物料经混合后，其含水率应小于55%；

(3)膨松剂颗粒应保持均匀；

(4)混合机在运营中严禁人工搅拌；

(5)清理混合机残留物料时，应断开混合机电源。

2. 快速堆肥阶段的运营管理、安全操作和维护保养等应符合下列规定

(1)在快速堆肥阶段中，垛体温度在55 ℃以上的天数不得少于3 d；

(2)强制供气时，宜采用均匀间断供气方式；

(3)垛体高度不宜超过设计高度；

(4)应定期检查供气管路并保证管路畅通；

(5)在翻垛过程中，应及时排除仓内水蒸气，当遇低温时，仓内应留有排气口；

(6)翻垛周期宜为每周3~4次；

(7)翻垛机在运营中，应随时巡查，发现问题应及时处理；

(8)应定期对翻垛机保养和防腐；

(9)翻垛机工作时，非操作人员不得进入；

(10)在堆肥发酵车间工作时，工作人员应戴防尘保护用品。

3. 污泥堆肥稳定熟化段的运营管理、安全操作和维护保养等应符合下列规定

(1)污泥稳定熟化期宜为30~60 d；

(2)稳定熟化期间可采用自然通气或强制供气；

(4)翻堆周期宜控制在 7~14 d;

(4)污泥稳定熟化后,有机物分解率应为 25%~40%;含水率不宜高于 35%。

4. 污泥堆肥的化验监测应符合下列规定

(1)应每天监测 1~2 次垛体温度;

(2)应定期测定污泥、返混干污泥、膨松剂、混合物及垛体的有机物和含水率。

评价

评一评

评价指标		评价主体		
一级指标	二级指标	学生自评	学生互评	教师评价
知识目标	了解污泥稳定均质池的运营与维护制度			
	了解污泥浓缩池的运营与维护制度			
	了解污泥厌氧消化池的运营与维护制度			
	了解污泥浓缩脱水和干化的运营与维护制度			
能力目标	制定污水处理厂的污泥处理设施设备的运营与维护制度			
素质目标	具备基本安全素养			

总 结 反 思

任务 9.4　污水厂化验监测制度

工单编号		姓名：	班级：
面向专业		学号：	学时：

教学目标

了解污水处理厂化验监测必备知识点。

任务必备知识点

污水厂化验监测制度必备知识点

一、取样

(1)应选择工艺流程各阶段具有代表性的位置作为取样点，并应符合下列规定：

①应在总进水口处取进水水样，并应避开厂内排放污水的影响，宜为粗格栅前水下 1 m 处；

②应在总出水口处取出水水样，宜为消毒后排放口水下 1 m 处或排放管道中心处；

③应依据不同污水、污泥处理工艺确定中间控制参数的取样点；

④应在污泥处理前、后处取泥样；

⑤应在脱硫塔前、后取沼气样。

(2)城镇污水处理厂污水、污泥及厂界废气应符合现行国家标准《城镇污水处理厂污染物排放标准》(GB 18918—2002)中对取样与监测的有关规定。

(3)噪声控制的测量方法及测点位置应符合现行国家标准《工业企业厂界环境噪声排放标准》(GB 12348—2008)的规定。

二、化验项目及检测周期

城镇污水处理厂日常化验检测项目、周期和方法应符合现行国家标准《城镇污水处理厂污染物排放标准》(GB 18918—2002)的规定，并应满足工艺运营管理需要，可按表 9.4.1、表 9.4.2 中的规定确定。

表 9.4.1 污水分析化验项目及检测周期

检测周期	序号	分析项目
每日	1	pH 值
	2	BOD5
	3	COD
	4	SS
	5	氨氮
	6	亚硝酸盐氮
	7	硝酸盐氮
	8	凯氏氮
	9	总氮
	10	总磷
	11	粪大肠菌群数
	12	SV%
	13	SVI
	14	MLSS
	15	DO
	16	镜检
每周	1	氯化物
	2	MLVSS
	3	总固体
	4	溶解性固体
每月	1	阴离子表面活性剂
	2	硫化物
	3	色度
	4	动植物油
	5	石油类
	6	氟化物
	7	挥发酚
每半年	1	总汞
	2	烷基汞
	3	总镉
	4	总铬
	5	六价铬
	6	总砷
	7	总铅

表 9.4.1(续)

检测周期	序号	分析项目
每半年	8	总镍
	9	总铜
	10	总锌
	11	总锰

表 9.4.2　污泥分析化验项目及检测周期

分析周期	序号	分析项目	
每日	1	含水率	
每周	1	pH 值	
	2	有机份	
	3	脂肪酸	
	4	总碱度	
	5	沼气成分	
	6	上清液	总磷
	7		总氮
	8		悬浮物
	9	回流污泥	SV%
	10		SVI
	11		MLSS
	12		MLVSS
每月	1	粪大肠菌群	
	2	蠕虫卵死亡率	
	3	矿物油	
	4	挥发酚	
每半年	1	总镉	
	2	总汞	
	3	总铅	
	4	总铬	
	5	总砷	
	6	总镍	
	7	总锌	
	8	总铜	

评价

评一评

评价指标		评价主体		
一级指标	二级指标	学生自评	学生互评	教师评价
知识目标	了解污水处理厂的取样规程			
	了解污水处理厂的化验项目及检测周期			
能力目标	制定污水处理厂的取样、检测制度			
素质目标	具备基本安全素养			

总 结 反 思

任务 9.5　生产运营记录及报表

工单编号		姓名：	班级：
面向专业		学号：	学时：

教学目标

了解污水处理厂生产运营记录及报表。

任务必备知识点

污水处理厂生产运营记录及报表必备知识点

一、生产运营记录

(1)生产运营记录应如实反映全厂设备设施、工艺及生产运营情况，并应包括下列内容：

①化验结果报告和原始记录；

②各类设备、仪器、仪表运营记录；

③运营工艺控制参数记录；

④生产运营计量及材料消耗记录；

⑤库存材料、设备、备件等库存记录；

(2)每班应有真实、准确，字迹清晰且用碳素墨水笔填写的值班记录，并应由责任人签字。

(3)记录应由相关人员审核无误并签名确认后方可按月归档。

二、计划、统计报表

(1)城镇污水处理厂应执行计划、统计报表和报告制度。

(2)计划报表应根据城镇污水处理厂正常运营的需要，全面反映进出水水量、进出水水质、污泥处理、沼气产量、再生水利用量、能源材料消耗量、维护维修项目和资金预算等运营指标。

(3)统计报表应依据生产运营及维护、维修记录，全面反映城镇污水处理厂运营情况。

(4)中控室应结合生产运营工程中的进出水量和水质、用电量、污泥产量、各类材料消耗量及在线工艺运营参数等，生成报表、绘制参数曲线保留 1 年。

(5)计划、统计报表内容应主要包括生产指标报表、运营成本报表、能源及药剂消耗报表、工艺控制报表以及运营分析等。计划、统计报表应按月、年填报。

(6)报告制度:应包括生产运营计划执行情况、安全生产、设施和设备大修及更新、信息上报和财务年度预、决算等。分析报告应按月、年完成。

(7)报表应经审批、签字、盖章后方可报出。

三、维护、维修记录

(1)运营管理中应建立健全电气、仪表、机械设备的台账。

(2)维护、维修记录应包括下列内容:

①电气、仪表、机械设备累计运营台时记录;

②电气、仪表、机械设备维修及保养记录;

③设施维护、维修记录。

四、交接班记录

(1)交班人员应做好巡视维护、工艺及机组运营、责任区卫生及随班各种工具使用情况等记录。

(2)接班人员应对交班情况做接班意见记录。

(3)交、接双方必须对规定内容逐项交接,双方均确认无误后方可签字。

(4)当遇有事故处理或正在工艺、电器、设备操作过程中,暂不进行交接班,接班人员应协助交班人员处理后方可交接;并应由交班人员整理工作记录,接班人员确认。

(5)遇到异常情况,应在交接班记录中详细记录。

五、应急预案

(1)城镇污水处理厂应建立健全事故应急体系,并应制定相应的安全生产、职业卫生、环境保护、自然灾害等应急预案。

(2)制定应急预案应符合下列规定:

①应明确说明编制预案的目的、原则、编制依据和适用范围等;

②应建立应急组织机构并明确其职责、权利和义务;

③应根据城镇污水处理厂实际特点制定各种应急技术措施,并应包括触电、中毒、防汛、关键性生产设备紧急抢修、重大水质污染、严重超负荷运营、压力容器故障、氯气泄漏、沼气泄漏、硫化氢等有毒有害气体泄漏、防火防爆、防自然灾害、防溺水、防高空坠落、化验室事故应急措施等;

④应有应急装备物资保障、技术保障、安全防护保障、通信信息保障等。

(3)城市污水处理厂的员工应定期接受应急救援方面的宣传、培训、演练和考核。

(4)各种应急预案应每年进行 1 次补充、修改和完善,并做好其档案的管理与评审工作。

(5)每年应至少进行 1 次应急预案的演练。

评价

评一评

评价指标		评价主体		
一级指标	二级指标	学生自评	学生互评	教师评价
知识目标	了解污水处理厂的生产运营记录填写要求			
	了解污水处理厂的计划、统计报表管理制度			
	了解污水处理厂的维护、维修记录及交接班记录管理制度			
	了解污水处理厂的应急预案管理制度			
能力目标	制定污水处理厂的生产运营记录填写制度			
	制定污水处理厂的计划、统计报表填写制度			
	制定污水处理厂的维护、维修记录及交接班记录填写制度			
	依据应急预案开展应急演练			
素质目标	具备基本安全素养			
	具备应对突发事件时的果敢、担当素养			

总 结 反 思

参考文献

[1] 李静,苏少林. 水处理运行与管理[M]. 成都:西南交通大学出版社, 2017.

[2] 周坤,闵志华,雷安建. 水处理运行与管理[M]. 北京:中国水利水电出版社,2021.

[3] 赵晓丹,王啸,吴春华. 水处理系统运行与控制综合训练指导[M]. 北京:冶金工业出版社,2021.

[4] 肖利萍,褚玉芬,于洋. 常见水处理工艺及运行控制[M]. 沈阳:辽宁大学出版社,2008.

[5] 边喜龙,王红梅. 水处理工程运行实训[M]. 2 版. 北京:中国建筑工业出版社,2019.

[6] 邓曼适. 水处理工程运行实训[M]. 北京:中国建筑工业出版社,2017.

[7] 赵奎霞,于妍. 城市水处理厂工艺与运行维护[M]. 北京:中国水利水电出版社,2015.

[8] 程世庆,姬广勤,史永春. 化学水处理设备与运行[M]. 北京:中国电力出版社,2008.

[9] 祁鲁梁,李永存,李本高. 水处理工艺与运行管理实用手册[M]. 北京:中国石化出版社,2002.

[10] 《农村生活污水处理运行维护指南》编委会. 农村生活污水处理运行维护指[M]. 北京: 中国建筑工业出版社,2019.

[11] 汪成森,赵庆礼,王云江. 城市管道养护与维修[M]. 北京:中国建材工业出版社,2020.

[12] 饶鑫,赵云. 市政给排水管道工程[M]. 上海:上海交通大学出版社,2020.

[13] 张伟. 给排水管道工程设计与施工[M]. 郑州:黄河水利出版社,2020.

[14] 谢小青. 排水管道运行维护与管理[M]. 厦门: 厦门大学出版社,2017.

[15] 杨越辉,夏志新,熊宪明. 污水处理厂设备运行管理[M]. 北京:中国环境出版集团有限公司,2022.

[16] 崔明池,高栗,宗德森. 污水处理厂安全生产管理[M]. 北京:中国环境出版集团,2022.

[17] 冯生华. 城市中小型污水处理厂的建设与管理[M]. 北京:化学工业出版社,2001.

[18] 许洲. 污水处理厂规范化管理手册[M]. 上海:同济大学出版社,2006.

[19] 王怀宇. 污水处理厂运行维护与管理[M]. 北京:化学工业出版社,2023.